装甲车辆工程专业教材经典译丛

МОДЕЛИРОВАНИЕ СИСТЕМ
ТРАНСПОРТНЫХ СРЕДСТВ

车辆系统建模

[俄]芝莱金·M·M（Zhilekin·M·M）著
刘 辉 郑怀宇 魏 巍 韩立金 译

北京理工大学出版社
BEIJING INSTITUTE OF TECHNOLOGY PRESS

版权专有　侵权必究

图书在版编目（CIP）数据

车辆系统建模 /（俄罗斯）芝莱金·М·М 著；刘辉等译．－－北京：北京理工大学出版社，2020.9
ISBN 978 – 7 – 5682 – 9124 – 8

Ⅰ．①车…　Ⅱ．①芝…②刘…　Ⅲ．①军用车辆－系统建模　Ⅳ．①E923

中国版本图书馆 CIP 数据核字（2020）第 189831 号

北京市版权局著作权合同登记号　图字：01 – 2021 – 2824

出版发行 / 北京理工大学出版社有限责任公司
社　　址 / 北京市海淀区中关村南大街 5 号
邮　　编 / 100081
电　　话 /（010）68914775（总编室）
　　　　　（010）82562903（教材售后服务热线）
　　　　　（010）68948351（其他图书服务热线）
网　　址 / http：//www.bitpress.com.cn
经　　销 / 全国各地新华书店
印　　刷 / 三河市华骏印务包装有限公司
开　　本 / 710 毫米 × 1000 毫米　1/16
印　　张 / 14.5　　　　　　　　　　　　　　责任编辑 / 孙　澍
字　　数 / 245 千字　　　　　　　　　　　　文案编辑 / 孙　澍
版　　次 / 2020 年 9 月第 1 版　2020 年 9 月第 1 次印刷　责任校对 / 周瑞红
定　　价 / 79.00 元　　　　　　　　　　　　责任印制 / 李志强

图书出现印装质量问题，请拨打售后服务热线，本社负责调换

前　言

"车辆系统建模"课程包括三个部分，预计需要一个学期课时。本书内容安排符合模块化的组织原则。该书的出版目的是为了给学生提供一门理论和实践相结合的课程。

第一个模块主要围绕"轮式车辆沿非平路面直线运动的工作过程"进行模拟仿真。1-6节对该过程进行了详细叙述。学习完该模块后，学生将具备以下能力：

1. 开发车辆悬架时候，能够对悬架系统进行建模仿真；
2. 对轮式车辆沿不平路面的各类运动过程进行建模仿真；
3. 分析乘员的振动载荷；
4. 当悬挂系统受到限制时，确定车辆的机动性。

第二个模块主要围绕"轮式车辆沿不可变形表面做曲线运动期间轮式车辆的工作过程"进行数学分析和仿真模拟。7-13节介绍了该过程的理论和仿真步骤。在完成该模块的学习任务后，学生将获得完成以下工作所需的知识和实践技能：

1. 开发轮式车辆曲线运动的数学模型；
2. 对各类型传动系统进行建模仿真；
3. 全轮转向车辆的建模仿真；
4. 对车辆制动系统进行建模仿真；
5. 研究轮式车辆的机动性、操纵性、稳定性、牵引动力和制动性能。

第14节围绕"车辆主动安全系统"的工作过程进行理论分析，并建立了相应模型，当完成学习任务后，学生可独立完成下列任务：

1. 对轮式车辆主动安全系统进行建模仿真；

2. 研究主动安全系统对轮式车辆稳定性和可操纵性的影响。

每章的结尾部分提出一些问题用于检测学生对该部分理论材料的掌握程度，这些理论基础将帮助学生完成相关实验。

附录 1 主要针对 MATLAB\SIMULINK 中的库模块进行简单介绍，附录 2 主要针对 MATLAB\SIMULINK 库中有关轮式车辆运动过程可视化仿真的相关模块进行介绍。

参考文献中罗列了一系列文献，通过阅读这些参考文献，学生可以扩展车辆系统数学建模领域的相关知识。其中还包含一系列 MATLAB\SIMULINK 环境下建模仿真的电子资源。

该教材主要针对"地面运输车辆"和"特种车辆"相关专业的学生。

该书原作者为鲍曼莫斯科国立技术大学轮式车辆教研室老师，该老师在课程讲义的基础上编写了此书。

符号列表

B	— 从移动坐标系到固定坐标系的变换矩阵;
B_k	— 轮距;
B_1	— 弹簧间距;
B_{ij}	— 第 j 侧的第 i 个悬架相对于车辆质心的横向坐标;
C	— 车辆质心;
C_M, K_M	— 平衡器的角刚度和角阻尼系数;
D	— 微动坐标系下坐标轴方向余弦变换矩阵;
D_q	— 路面不平度方差;
$\mathrm{d}h_{ij}/\mathrm{d}t$	— 第 j 侧第 i 个悬架的形变速度;
$\mathrm{d}h_{kij}/\mathrm{d}t$	— 第 j 侧第 i 个轮胎的形变速度;
F_{ji}	— 第 j 侧第 i 个悬架上的作用力;
F_k	— 液压缸杆上的作用力;
F_{kij}	— 第 j 侧第 i 个车轮上的作用力;
F_k^x; F_k^y; F_k^z	— 作用于车体上的力;
$f_{др}$	— 节流孔通流面积;
g	— 重力加速度;
h_C	— 轮式车辆的质心高度;
h_{ij}	— 第 j 侧第 i 个悬架的形变;
$h_{ij\max}$	— 第 j 侧第 i 个悬架的最大形变;
h_{kij}	— 第 j 侧第 i 个轮胎的形变;
$h_{ДР}=0\cdots1$	— 油门踏板的开合位置;
$i_{КП}$	— 变速箱传动比;

$i_{\text{ГП}}$	— 主减速器传动比;
$J_{\text{к}}$,$J_{\text{дв}}$	— 车轮和发动机的转动惯量;
$J_{\text{мост}}$	— 相对于轴 X_{most} 车体的转动惯量;
J_Y	— 车体相对于穿过车体质心横轴的转动惯量;
J_X	— 车体相对于穿过车体质心纵轴的转动惯量;
J_Z	— 车体相对于穿过车体质心竖直轴的转动惯量;
L	— 轴距;
L_b	— 平衡器相对于车体质心的纵坐标;
L_q	— 周期性路面不平度的波长;
$L_{K_i 0}$	— 在移动坐标系中第 i 个车轮在车体上固定点的位置向量;
$L_{K_i 2}$	— 在固定坐标系中第 i 个车轮在车体上固定点的位置向量;
L_{wi}	— 在第 i 个倍频带中的振动加速度水平;
l_b	— 平衡器长度;
l_{1i}	— 从第一轴到第 i 轴的距离;
l_{ni}	— 从最后一轴到第 i 轴的距离;
l_{ji}	— 第 j 侧第 i 个悬架相对于车体质心的纵向坐标;
$M_{\text{max}i}$	— 第 i 个车轮的制动力矩;
$M_{\text{мост}i}$	— 第 i 个车桥的质量;
M_{byj},$M_{b\text{п}j}$	— 第 j 侧平衡器的弹性和阻尼力矩;
M_{kpi}	— 施加在第 i 个主动轮上的扭矩;
M_{fi}	— 第 i 个车轮的滚动阻力矩;
$M_{\text{дв}}$	— 发动机力矩;
$m_{\text{ПМ}}$	— 车轮的簧载质量;
m_{ij}	— 第 j 侧第 i 个车轮的质量;
N	— 轮式车辆车轮个数;
n	— 轮式车辆车轴数量;
O	— 转动瞬心;
$OXYZ$	— 移动坐标系;
$O_1 X_1 Y_1 Z_1$	— 半牵连坐标系;
$O_2 X_2 Y_2 Z_2$	— 固定坐标系;
$O_T X_T Y_T Z_T$	— 微动坐标系;

P	— 转向中心；
$P_{У\Pi ij}(h_{ij})$	— 第 j 侧第 i 个弹性元件的作用力；
$P_{Д\Pi ij}(\dot{h}_{ij})$	— 第 j 侧第 i 个阻尼元件的作用力；
P_w	— 空气阻力；
P_{xi}	— 施加在第 i 个车轮上的纵向力；
$\boldsymbol{P}_{C2}$	— 车轮质心在固定坐标系中的位置向量；
$(p_1 - p_2)$	— 压降；
Q_1, Q_2	— 第 1 和第 2 截面的流量；
q, l	— 固定在地面上的笛卡尔坐标系的竖直方向和水平方向坐标系；
$R_\text{п}$	— 从转向中心测得的转向半径；
$(R_{KX_T}, R_{KY_T}, R_{KZ_T})$	从支撑面作用在行动机构上的作用力在微动坐标系中的投影；
$(R_{KX_0}, R_{KY_0}, R_{KZ_0})$	从支撑面作用在行动机构上的作用力在移动坐标系中的投影；
$(R_{KX_2}, R_{KY_2}, R_{KZ_2})$	从支撑面作用在行动机构上的作用力在固定坐标系中的投影；
$r_\text{к}$	— 车轮的自由半径；
$r_\text{д}$	— 从车轮轴线到支撑面的距离；
$S_\text{к}$	— 车轮的滑转系数；
$T_{\max}$	— 车轮制动机构所能产生的最大制动力矩；
t	— 时间；
$\boldsymbol{V}_{K2}$	— 固定坐标系中车轮中心的线速度向量；
$\boldsymbol{V}_{K0}$	— 移动坐标系中车轮中心的线速度向量；
$\boldsymbol{V}_{KT}$	— 微动坐标系中车轮中心的线速度向量；
V_{CK}	— 车轮的滑动速度；
(V_x, V_y, V_z)	— 在牵连坐标轴上速度的投影；
v	— 轮式车辆运动速度；
x_p	— 车辆最后一轴到转动中心的距离；
$z(t)$	— 车体质心的垂向坐标；
z_{ij}	— 第 j 侧第 i 个车轮的垂向坐标；
α_τ, β_τ	— 反应路面不规则程度的系数；
$\beta_{1\text{cp}} = \dfrac{\beta_1 + \beta_{n+1}}{2}$	— 前轮车轮转动角度平均值；

4 车辆系统建模

$\Theta_T - \Theta_\Phi$	— 速度向量理论方向和实际方向的角度差；
ΔF_{bj}	— 从第 j 侧平衡器作用在车桥上的弹性阻尼力；
$\Delta \varphi_{bj}, \Delta \dot{\varphi}_{bj}$	— 平衡器扭转角度和角速度；
φ, ψ, Θ	— 纵倾，侧倾和方向角；
λ_a	— 差速器非对称系数；
$\mu_{s\alpha max}$	— 对于给定速度向量转角情况下的完全滑动摩擦系数；
$\mu_{др}$	— 滑动节流阀流量系数；
$(\omega_x, \omega_y, \omega_z)$	— 在牵连坐标轴上的角速度投影；
$\dot{\omega}_{ДВ}$	— 发动机轴转动角加速度；
$\dot{\omega}_k$	— 车辆转动的角加速度；
Θ_Φ	— 车辆纵轴和车辆速度向量的实际夹角；
Θ_T	— 车辆纵轴和车辆速度向量的理论夹角；
ρ	— 工作液密度。

缩写列表（俄语）

АБС	— 车辆防抱死系统；
ДВС	— 内燃机；
ИММ	— 仿真数学建模；
КМ	— 轮式车辆；
КП	— 变速箱；
МКМ	— 多轴轮式车辆；
МПСК	— 微动坐标系；
НСК	— 固定坐标系；
ПБС	— 牵引力控制系统；
ПГР	— 气液弹簧；
ПСК	— 移动坐标系；
ПУЭ	— 气动弹性元件；
РКО	— 橡胶空气弹簧；
РЖ	— 工作液；
СДС	— 动态稳定系统；
СКО	— 标准差；
ССУ	— 固定式牵引座。

目 录

引言 ………………………………………………………………………………… 1

模块一　轮式车辆沿非平路面直线运动工作过程的建模仿真

1　轮式车辆沿非平路面做直线运动的数学模型 …………………………… 7
　1.1　车辆数学模型的要求和基本假设 ………………………………………… 7
　1.2　描述多轴轮式车辆的空间运动 …………………………………………… 8
　1.3　将轮式车辆的承载系统视为弹性可变形物体 …………………………… 14
　1.4　设定悬架和轮胎的弹性和阻尼特性 ……………………………………… 16
　1.5　确定轮式车辆车轴的静载荷 ……………………………………………… 18
　1.6　确定驾驶员工作位置的振动载荷 ………………………………………… 19

2　路面不平度建模 ……………………………………………………………… 21
　2.1　简谐曲线路面不平度 ……………………………………………………… 21
　2.2　随机路面不平度的特性 …………………………………………………… 21
　2.3　另一侧车辙不平度建模 …………………………………………………… 22
　2.4　轮胎的平滑能力 …………………………………………………………… 23

3　路面不平度的模拟及其准备步 ……………………………………………… 25

4　轮式车辆沿不平路面直行时的平顺性研究 ………………………………… 31
　　4.1　具有独立悬架的双轴驱动车辆：准备及建模 ………………………… 31

4.2 具有半独立悬架（扭力梁式悬架）双轴驱动轮式车辆：准备及
建模 ·· 38
4.3 确定驾驶员工作位置的振动载荷 ··· 42

5 轮式车辆悬架中气液弹簧的数学模型 ··· 45
5.1 基本假设 ··· 45
5.2 单管液压减振器的数学模型 ··· 46
5.3 双管液压减振器的数学模型 ··· 47
5.4 单气室气液弹簧的数学模型 ··· 49
5.5 带有反压的双气室气液弹簧的数学模型 ··· 50
5.6 橡胶空气弹簧的数学模型 ··· 51

6 车辆悬架气液弹簧数学模型的软件实现 ··· 55
6.1 单管液压减振器模型：准备及建模 ··· 55
6.2 将单筒减震器模型集成到轮式车辆悬挂系统模型中的步骤 ······································ 58
6.3 双筒液压减振器模型：准备及建模 ··· 61
6.4 单腔气液弹簧的模型：准备及建模 ··· 63
6.5 将单腔气液弹簧模型集成到轮式车辆悬挂系统模型中的步骤 ··································· 65
6.6 带有反压的气液弹簧的模型：准备及建模 ··· 68
6.7 橡胶空气弹簧的模型：准备及建模 ··· 70
6.8 将橡胶空气弹簧模型集成到轮式车辆悬挂系统模型中的步骤 ··································· 73

模块二 轮式车辆沿不可变形表面做曲线运动过程的建模仿真

7 轮式车辆曲线运动的数学模型 ·· 79
7.1 数学模型要求和基本假设 ··· 79
7.2 轮式车辆运动的一般方程 ··· 79
7.3 弹性轮胎与平坦不可变形路面的相互作用及其数学模型 ·· 86
7.4 弹性车轮沿不可变形不平路面滚动的数学模型 ·· 92
7.5 车轮相对于车身的运动方程 ··· 95
7.6 确定轮式车辆运动方程中的力和力矩 ·· 95

8 MATLAB/SIMULINK 环境下车辆沿均匀不可变形路面作曲线运动的数学模型 ·········· 97

    8.1 弹性车轮沿平坦不可变形路面运动时与路面相互作用的数学建模 ·········· 98

    8.2 具有独立悬架的双轴轮式车辆曲线运动的数学建模 ·········· 104

9 轮式车辆机械传动系统的数学建模 ·········· 109

    9.1 在对轮式车辆的机械传动系统进行建模时,设定内燃机的外特性 ·········· 109

    9.2 单盘摩擦离合器的数学建模 ·········· 110

    9.3 4×2 后驱车辆的差速传动系统数学建模 ·········· 112

    9.4 4×2 后驱车辆的闭锁传动的数学模型 ·········· 113

    9.5 4×2 前驱车辆的差速传动系统数学模型 ·········· 114

    9.6 全时 4×4 车辆的差速传动系统数学模型 ·········· 115

    9.7 短时 4×4 车辆传动系统的数学模型 ·········· 116

    9.8 6×4 车辆差速传动的数学模型 ·········· 117

    9.9 具有非对称轮间差速器的 6×6 车辆差速传动系统的数学模型 ·········· 119

10 机械传动系统数学建模:准备和模拟 ·········· 121

    10.1 4×2 后驱车辆的差速传动系统建模 ·········· 121

    10.2 机械变速箱换挡算法 ·········· 124

    10.3 单片干式摩擦离合器的建模 ·········· 126

11 液力机械传动建模 ·········· 133

    11.1 液力机械传动的数学模型 ·········· 133

    11.2 液压机械传动数学建模:准备和模拟 ·········· 135

12 轮式车辆转向和制动系统的数学模型 ·········· 141

    12.1 车辆转向的数学模型 ·········· 141

    12.2 轮式车辆制动系统的数学模型 ·········· 142

13 汽车列车运动的数学模型 ·········· 145

    13.1 当牵引座上作用有竖直载荷时,列车运动过程的数学建模原理 ·········· 145

4　■　车辆系统建模

13.2　MATLAB/SIMULINK 环境中均匀不可变形路面下列车曲线运动的数学建模 …………………………………………………………… 149

模块三　车辆主动安全系统建模仿真

14　车辆主动安全系统的数学模型 …………………………………………… 163
　14.1　制动器防抱死系统的模型 ……………………………………………… 163
　14.2　牵引力控制系统模型 …………………………………………………… 167
　14.3　动态稳定系统的模型 …………………………………………………… 172

参考文献 ………………………………………………………………………… 189

附录 1　MATLAB\SIMULINK 编程系统 …………………………………… 191

附录 2　在 MATLAB\SIMULINK 中可视化轮式车辆运动过程 …………… 207

引　言

　　建模仿真是任何技术对象设计过程中的重要环节之一，通过建模仿真，可以代替或者显著减少调整环节或者现场测试环节的耗时。对于航天器、化学和核反应堆等复杂技术对象的危险或成本昂贵的现场测试来说，仿真建模的作用极为重要。建模过程是指：确定所研究对象的基本属性，构建模型并应用它们来预测对象行为的过程。

　　模型是人创造的被研究对象的类似物，它可以是实体模型、图像、图表、语言描述或数学公式等。

　　在建模的帮助下，可以研究动态系统——这种物理系统的状态随时间变化，并由微分方程（组）描述。对动态系统的研究可以简化为求解微分方程（组），也就是说通过各种各样的输入关系确定函数的输出结果。

　　对动态系统进行建模，主要分为两类：物理建模和数学建模。在物理建模中，模型仅在比例上与研究对象不同，但模型发生的过程与研究对象发生过程具有相同的性质；在数学建模中，模型与对象的不同之处在于，模型的过程和研究对象的过程具有不同的物理性质，这些过程仅仅通过相同的等式进行描述。

　　在物理和数学建模中，必须要组建被建模系统的模型方程。两种类型的模型都可以对微分方程进行求解。但是，在数学模型中可以对参数进行调整。目前，有三种方法可以对数学模型进行求解：电路建模，结构建模与仿真建模。

　　在电路建模中，假设使用由一组电阻、电容和电感组成的模型，使得研究对象的每个物理元件与模型中的电子元件相对应。然而，这种模型具有非常明显的缺点：再现原始方程时会出现较大的误差，指定非零初始条件比较困难，很难再现非线性系统。

　　结构建模或计算机建模指的是，根据所研究系统的数学描述，选择并连接某组块，以便在模型中使用与被研究对象类似的方程进行描述。

在对具有复杂结构的系统进行综合和功能分析时，仿真建模是最强大的数学建模工具之一。广义上的仿真建模包括创建逻辑数学模型的过程，在模型内描述所研究的系统的结构和行为，此时通常会使用计算机程序，以及使用计算机在模型上进行实验以在特定时间间隔内获得关于系统功能的数据。

计算机仿真建模的主要缺点在于：通过分析仿真模型获得的解决方案总是具有特定性质，因为这个解决方案会受到固定的元件结构、算法、参数值、初始条件和外在环境的影响。因此，为完整地分析该过程，而不是仅仅获得单一的解，需要在改变初始数据的情况下重复模拟实验。

在现代科学中，构建系统数学模型主要有两种方法。其中第一种是广泛使用的经典方法，这种方法基于研究系统内部发生的现象进行描述。

在构建模型的过程中，首先需要使用基本物理定律（牛顿定律、麦克斯韦或基尔霍夫定律、质量守恒定律、角动量守恒定律等）来描述被研究对象，例如机械或电气系统。

第二种方法基于将系统视为某个对象，它只有输入和输出变量可供观察。这种方法通常被称为控制论建模方法（或黑箱方法）。通过这种方法，在系统给定输入的情况下，通过观察系统的反应而进行研究。在这种情况下，系统模型被构造为输入变量向输出变量转换时所需要的变换向量。控制论模型仅保留原始和模型的输入和输出变量的相互关系，完全忽略被研究对象的物理意义和内部结构。

控制论模型可以对所研究系统进行等价描述，这个系统仅仅在非常有限的变量空间内发生变化，并且带有一定的特点。此时物理定律能够反映技术系统中发生的一般现象和规律。

下面来看看数学模型的特征。

（1）等价性。一般来说，如果模型能够正确反映研究人员感兴趣的原始性质，并且可以用该模型预测被研究对象行为的话，那么该模型对于原始研究对象是等价的。

有两种方法可以评估模型的等价性，第一种方法适用于可以对模型和对象进行比较的时候；另一种方法适用于无法比较二者的情况。

第一种方法是一种将表征实际被研究对象的数据与计算模拟所得数据进行比较的一次性过程。如果模型以可接受的精确度反映所研究的属性，则认为该模型是一致的，其中精确度是表征模型与所研究现象之间的差异程度的定量指标。

第二种方法是一种不间断的过程，这个过程建立在对验证方法的使用之上。如果无法通过实验测试模型，则使用这个方法（例如，对象处于设计阶段或无法使用对象进行实验)。

可以使用不同的方法来测试模型,比如说:
- 验证物理意义 (遵守物理定律);
- 检查量纲和符号;
- 检查边界范围;
- 检查变化趋势,即输出变量的趋势取决于内部和外部变量等。

(2) 经济性。数学模型的这一特征由两个主要因素决定:
- 计算机运行模型的时间成本;
- 容纳模型所需的内存大小 (这一点对于实时系统尤其重要)。

(3) 通用性。模型的通用性决定了模型可能的应用范围。各种确定和随机实验以及针对不同的系统工作模式均可构建模型。一般是通过在模型中增加大量内部参数来提高通用性,但这会对模型的经济性产生负面影响。

(4) 稳定性。这是模型在所有可能的工作载荷区间或改变系统配置时保持等价性的能力。

由于没有用于测试模型稳定性的通用程序,开发人员不得不在以常识为指导的情况下,使用专用方法来测试这个特性。

(5) 灵敏度。显然,稳定性是模型的一个积极特征。然而,如果改变模型的输入变量或者系统参数时,输出变量无法做出相应变化的时候,那么这个模型并不具有很大优势。因此,产生了一个需要在改变系统工作载荷和内在参数的时候评价模型灵敏度的任务。

通常,需要单独地对每个参数进行评估。它基于以下事实:参数可能的变化范围是已知的。在评估模型灵敏度时获得的数据尤其可用于进行实验规划:应更多地关注模型敏感的参数。

学习"车辆系统建模"课程的目的是掌握构建轮式车辆系统数学模型的一般原则、概念和方法,并获得在新车研发工作过程中所需的实践技能。该课程基于 MATLAB/SIMULINK 程序。

模块一　轮式车辆沿非平路面直线运动工作过程的建模仿真

　　对轮式车辆沿非平路面做直线运动的工作过程建模可以解决车辆设计过程中的一个重要任务：分析乘员所受的振动载荷并确定各类路面上车辆的最大行驶速度。

　　因此，"车辆系统建模"课程的第一模块中，我们将一起探究如何建立轮式车辆不同类型悬架系统的数学模型，如何针对悬架的气液元件进行建模，以及如何分析乘员所受的振动载荷。

　　关键词：悬架系统；悬架的气、液元件；乘员振动载荷。

预计的学习成果

模块一的学习目标（学习任务）

　　完成"轮式车辆沿非平路面直线运动工作过程的建模仿真"模块的学习后，您可以具备下列能力：

（1）在开发车辆悬架的时候，能够对悬架系统进行建模仿真；
（2）对轮式车辆沿非平路面的各类运动过程进行建模仿真；
（3）分析乘员所受的振动载荷；
（4）当悬挂系统受到限制时，确定车辆的机动性。

模块一的学习安排：

第 1 周：入门课程，学习模块一相关材料 – 数值积分方法的特性。包括：显式和隐式方法；轮式车辆系统建模过程中如何选择显式和隐式方法；多步积分方法；积分方法的阶次；带自动步长选择的数值模型程序；系统"刚度"的概念；MATLAB 环境中微分方程求解器的类型和特征。

第 2 周：随机过程建模的数学方法；通过统计特征模拟非平路面。

第 3 周：对具有独立悬架、半独立悬架、平衡悬架的轮式车辆建立空间模型。

第 4 周：驾驶员工作位置的振动载荷分析方法。

第 5 周：设定悬架和轮胎的弹性和阻尼特性的方法；悬架击穿和车轮脱离支撑表面的建模。

第 6 周：车辆悬架气液装置的数学模型：包括橡胶 - 帘线弹性元件，单筒和双筒式减振器，单气室和双气室（带反压）气液弹簧。

第 7 周：完成书面作业及模块学习评估。

自学任务

（1）根据文献资料，对轮式车辆悬架系统具有发展前景和最常用的结构方案进行分析。

（2）为悬架系统创建当前可用组件的数据库：减振器、气液弹簧，确定设计参数并计算负载特性。

1

轮式车辆沿非平路面做直线运动的数学模型

■ 1.1 车辆数学模型的要求和基本假设

在设计轮式车辆悬架时，需要研究一系列具有不同行程、适应不同载荷的悬架系统，为一系列具有不同结构和使用特性的轮式车辆收集必要的信息，并且为这个问题进行现场测试并收集统计数据，这是一项艰巨的任务。同时，测试周期的增加可能会导致当前所研发的系统过时。在新车设计的初期研究阶段，希望尽可能完整地获得关于正在开发系统的静态信息以及动态特性。但进行全面的分析研究以确定这些特征是不可能的，只有借助于建模，特别是借助于计算机模拟数学模型，才能成功地解决该问题。

对各种路面条件下（包括克服典型路面障碍）车辆运动进行仿真数学建模，是现代汽车悬架理论研究的主要方法。

基于必须使用仿真方法确定车辆平顺性的相关任务，我们为轮式车辆沿公路运动模型提出以下要求：
- 模型应反映车体和底盘的联合动力学特性；
- 该模型应考虑到施加在轮式车辆上的连接的单向性质；
- 模拟结果应为轮式车辆力学和运动学参数；
- 对于具有不同结构参数的车轮和不同类型的路面条件，模型应当尽可能具有通用性；
- 在具体建模仿真的过程中，应该使用最有效的计算方法。

在轮式车辆沿直线运动的动力学数学描述中，做出以下假设：
(1) 路面轮廓是不可变形的，具有分段线性的特点；

(2) 系统相对于穿过车体质心的纵轴对称；

(3) 轮式车辆车体被认为是绝对刚体；

(4) 铰链和轴承处的摩擦可忽略不计；

(5) 轮式车辆的质心速度对水平轴的投影是一个常数；

(6) 不考虑路面横向作用力对车辆振动的影响；

(7) 轮胎与路面为点接触；

(8) 车身的倾角很小。

通过这些假设，我们可以在经过车辆质心的竖直平面内分析轮式车辆的运动状态。

我们可以先来分析"车体-行动机构-路面"这个动力系统，该系统一般来说是非线性的，因为弹性阻尼元件具有非线性特性。除此之外众所周知的是，在某些驾驶条件下，经常会发生一个或者多个车轮与支撑路面脱离的情况。

在开发数学模型时，不考虑系统元件的强度。也就是说，假设元件在实验期间不会失去其性能并且会在许用应力范围内工作。这种假设是合乎逻辑的，因为在设计开发的初始阶段，关于设计对象的信息量非常大，并且应该在下一阶段基于评估对象参数期间获得的结果来分析强度问题。

1.2 描述多轴轮式车辆的空间运动

对多轴轮式底盘的各类先进设计方案的分析表明，基本上各类应用方案大致可以分为两个类型：带有摇臂式支柱的结构［图1.1（a）］和带有伸缩支柱的结

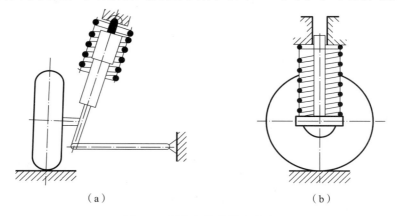

（a） （b）

图 1.1 导向机构的设计方案

（a）带有摇臂式支柱的结构；（b）带有伸缩支柱的结构

构［图 1.1（b）］。当使用非线性变换并引入三角函数后，可以将第一种方案转化为第二种方案。也就是说，在轮式车辆设计的初期阶段，实际上车辆悬架振动分析模型采用了如图 1.1（b）所示的结构。

在一般情况下，轮式车辆车体的运动和缸体运动类似。轮式车辆车体上未被施加几何约束，瞬时位置可以通过求解动力学微分方程获得。众所周知的是，在一般情况下，刚体具有六个自由度。由于我们仅考虑轮式车辆做直线运动的情况，而且假设轮式车辆的速度沿过车辆质心的水平轴的投影为常数，那么，在车辆的方程中将不考虑沿 x、y 轴的平移运动和垂直于 z 轴的旋转运动的轴轮式车辆的计算简图如图 1.2 所示。

借助于车体倾角很小的假设，可以获得三个微分方程：相对于 z 轴的平移运动方程和相对于 x 和 y 轴的两个旋转运动方程：

$$\begin{cases} m_{\text{ПМ}} \dfrac{d^2 z}{dt^2} = \sum_{j=1}^{2} \sum_{i=1}^{n} F_{ij} - m_{\text{ПМ}} g \\ J_Y \dfrac{d^2 \varphi}{dt^2} = \sum_{j=1}^{2} \sum_{i=1}^{n} F_{ij} \cdot l_{ij} \\ J_X \dfrac{d^2 \psi}{dt^2} = \sum_{j=1}^{2} \sum_{i=1}^{n} F_{ij} \cdot B_{ij} \end{cases} \quad (1.1)$$

其中：F_{ij} 是第 j 侧的第 i 个悬架上作用力；n 是车辆的轴数；g 是重力加速度（对于其他变量，请参见图 1.2 的说明）。

得到的方程组（1.1）是非线性的，因为其中包含非线性元素 F_{ij}。寻找该系统方程的解析解方案非常困难。一般情况来说，解析解不存在，需要通过数值方法对系统方程进行求解。

在一般情况下，为了对车体刚体运动进行仿真模拟，需要使用高级编程语言 SIMULINK 中的程序对方程组（1.1）进行求解。这样可以对一系列具有足够车架或车体刚度的短轴距车辆进行空间运动的建模。

带独立悬架的轮式车辆

悬架上作用力 F_{ij} 的大小取决于悬架相对变形 h_{ij} 和变形速度 dh_{ij}/dt：

$$F_{ij} = P_{\text{уп}ij}(h_{ij}) + P_{\text{д}ij}(\dot{h}_{ij}) \quad (1.2)$$

其中 $P_{\text{уп}ij}(h_{ij})$ 是第 j 侧的第 i 弹性元件的作用力；$P_{\text{д}ij}(\dot{h}_{ij})$ 为第 j 侧的第 i 个阻尼元件的作用力。

悬架的相对变形和变形速度将通过下列公式确定

$$\begin{aligned} h_{ij} &= z_{ij} - l_{ij}\varphi - b_j\psi + h_{ij\max} - z(t); \\ \dot{h}_{ij} &= \dot{z}_{ij} - l_{ij}\dot{\varphi} - B_{ij}\dot{\psi} - \dot{z}(t) \end{aligned} \quad (1.3)$$

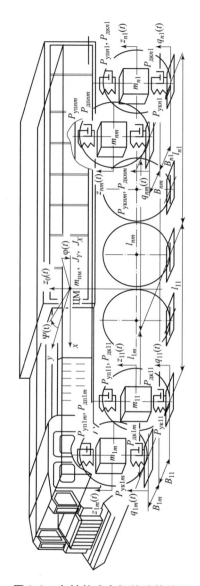

图 1.2　多轴轮式车辆的计算简图

$z(t)$—车体质心的垂直坐标；φ，ψ—车体的纵倾和侧倾角度；l_{ij}—第 j 侧上第 i 个悬架组件相对于车辆质心的纵向坐标；B_{ij}—相对于轮式车辆的质心的第 j 侧平面的横向坐标；$m_{\text{ПМ}}$—车辆的簧载质量；J_Y—车体相对于穿过质心的横轴的转动惯量；J_X—车体相对于穿过质心的纵轴的转动惯量；$P_{\text{уп}ij}$—第 j 侧第 i 个弹性元件的作用力；$P_{\text{дп}ij}$—第 j 侧第 i 阻尼元件的作用力；$P_{\text{ук}ij}$—第 j 侧的第 i 个车轮的弹性作用力；$P_{\text{дк}ij}$—第 j 侧的第 i 个车轮的阻尼作用力；z_{ij}—第 j 侧的第 i 个车轮中心的垂直坐标；m_{ij}—第 j 侧的第 i 个车轮的质量；l_{ij}，B_{ij}—分别是第 j 侧的第 i 个悬架相对于车轮质心的纵向和横向坐标；q_{ij}—第 j 侧的第 i 个车轮下方的支撑表面的不平度的高度

其中：$h_{ij\max}$ 是悬架的最大变形量；$z(t)$ 是车体的质心的垂向坐标。

位于路面上的车轮与路面为点接触，且车轮沿着支撑表面的法线方向在径向方向上发生变形（图 1.3）。

为了模拟车轮在垂直平面内的运动，有必要罗列一下在任意时刻，作用在车轮上的力的相关信息。在一般情况下，第 j 侧的第 i 个轮受以下因素影响：

- 在第 j 侧的第 i 个弹性元件上的作用力 $P_{\text{уп}ij}(h_{ij})$；
- 在第 j 侧的第 i 个阻尼元件上的作用力 $P_{\text{дп}ij}(\dot{h}_{ij})$；
- 车轮重量 $m_{ij}g$ 和惯性力 $m_{ij}\dfrac{\mathrm{d}^2 z_{ij}}{\mathrm{d}t^2}$；
- 来自轮胎的弹性作用力 $P_{\text{ук}ji}$ 和阻尼作用力 $P_{\text{дк}ji}$。

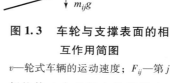

图 1.3 车轮与支撑表面的相互作用简图

v—轮式车辆的运动速度；F_{ij}—第 j 侧的第 i 个悬架中的作用力；$F_{\text{к}ij}$—第 j 侧的第 i 个车轮中的作用力；$m_{ij}g$—车轮重量

车轮的运动方程如下：

$$m_{ij}\ddot{z}_{ij} = -P_{\text{уп}ij}(h_{ij}) - P_{\text{дп}ij}(\dot{h}_{ij}) + P_{\text{ук}ij}(h_{\text{к}ij}) + P_{\text{дк}ij}(\dot{h}_{\text{к}ij}) - m_{ij}g \tag{1.4}$$

车轮的变形量 $h_{\text{к}ij}$ 和变形 $\mathrm{d}h_{\text{к}ij}/\mathrm{d}t$ 可写作

$$\begin{cases} h_{\text{к}ij} = -z_{ij} + r_{\text{к}} + q_{ij} \\ \dot{h}_{\text{к}ij} = -\dot{z}_{ij} + \dot{q}_{ij} \end{cases} \tag{1.5}$$

其中：$r_{\text{к}}$ 为车轮的自由半径

这样，我们就获得了描述具有非线性悬架轮式车辆的直线运动所需要的完整的微分方程和动力学方程组。

装备半独立悬架的轮式车辆（车桥无平衡机构）

如果轮式车辆配备一个带有连续桥的半独立悬架（图 1.4），那么必须为每个车桥增加两个微分方程，分别用于描述车桥相对于自身质心位置的垂向振动和车桥相对于纵轴 X 的角振动：

$$\begin{cases} M_{\text{мост}i}\dfrac{\mathrm{d}^2 z_{\text{мост}}}{\mathrm{d}t^2} = F_{\text{к}ij} + F_{\text{к}i(j+n)} - F_{ij} - F_{i(j+n)} - M_{\text{мост}i}g \\ J_{\text{мост}}\dfrac{\mathrm{d}^2 \psi_{\text{мост}}}{\mathrm{d}t^2} = F_{\text{к}ij}\dfrac{B_k}{2} - F_{\text{к}i(j+n)}\dfrac{B_k}{2} - F_{ij}\dfrac{B_1}{2} + F_{i(j+n)}\dfrac{B_1}{2} \end{cases} \tag{1.6}$$

其中：$M_{\text{мост}i}$ 为第 i 个车桥的质量；$J_{\text{мост}}$ 为车桥相对于轴线 $X_{\text{мост}}$ 的转动惯量；B_1

为弹簧间距；B_k 为车轮间距。

悬架的变形量和相对变形速度定义为：

$$h_{ij} = Z_{\text{МОСТ}} + \frac{B_1}{2}\psi_{\text{МОСТ}} - l_{ij}\varphi - \frac{B_1}{2}\psi + h_{ij\max} - z(t);$$

$$\dot{h}_{ij} = \dot{Z}_{\text{МОСТ}} + \frac{B_1}{2}\dot{\psi}_{\text{МОСТ}} - l_{ij}\dot{\varphi} - \frac{B_1}{2}\dot{\psi} - \dot{z}(t)$$

（1.7）

可以将轮胎的变形量和相对变形速度写作：

$$h_{кij} = -Z_{\text{МОСТ}} - \frac{B_к}{2}\psi_{\text{МОСТ}} + r_к + q_{ij}$$

$$\dot{h}_{кij} = -\dot{Z}_{\text{МОСТ}} - \frac{B_к}{2}\dot{\psi}_{\text{МОСТ}} + \dot{q}_{ij}$$

（1.8）

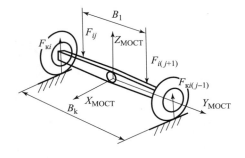

图 1.4 轮式车辆车桥的计算简图

$X_{\text{МОСТ}}$，$Y_{\text{МОСТ}}$，$Z_{\text{МОСТ}}$—以车桥质心为原点的坐标系；B_1—弹簧间距；B_k—车轮间距；F_{ij}，$F_{i(j+1)}$ 分别是第 j 和第 $(j+1)$ 侧的第 i 个悬架上的作用力；$F_{кij}$，$F_{кi(j-1)}$ 分别是第 j 和第 $(j+1)$ 侧的第 i 个车轮上的作用力

这样就获得了用于描述装备有车桥的轮式车辆直线运动的完整的微分和运动方程组。

装备有非独立悬架的轮式车辆（车桥有平衡机构）

我们现在对带有非独立悬架的三轴轮式车辆的直线运动过程进行建模仿真，三轴轮式车辆的前桥简图如图 1.4 所示，该车的两个后桥在两侧通过弹性平衡机

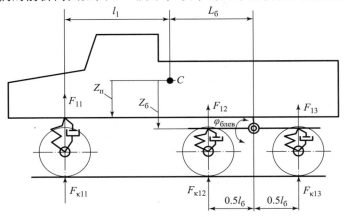

图 1.5 带有非独立后悬架的三轴轮式车辆计算简图

l_1—从车辆质心到第一轴的距离；$L_σ$—平衡器轴线相对于车辆质心的纵向坐标；$Z_п$、Z_6—分别为前悬架的连接点和平衡器的摆动轴相对于车辆质心的垂直坐标；C—质心；F_{ij}，$F_{кij}$—分别为第 j 侧，第 i 个悬架和车轮上的作用力；$\varphi_{блев}$—左侧平衡器相对于摆动轴的转角，右侧为 $\varphi_{σпр}$，$l_σ$—平衡器长度

1 轮式车辆沿非平路面做直线运动的数学模型　13

构连接（见图 1.5）。

簧载车体的振动微分方程为：

$$\begin{cases} m_{\text{ПМ}} \dfrac{\mathrm{d}^2 z}{\mathrm{d}t^2} = \sum\limits_{j=1}^{2} \sum\limits_{i=1}^{3} F_{ij} - m_{\text{ПМ}} g \\ J_Y \dfrac{\mathrm{d}^2 \varphi}{\mathrm{d}t^2} = (F_{11} + F_{21}) l_1 + (F_{12} + F_{13} + F_{22} + F_{23}) L_6 \\ J_X \dfrac{\mathrm{d}^2 \psi}{\mathrm{d}t^2} = (F_{11} - F_{21}) \dfrac{B_1}{2} + (F_{12} + F_{13}) \dfrac{B_1}{2} - (F_{22} + F_{23}) \dfrac{B_1}{2} \end{cases} \quad (1.9)$$

用于描述车桥垂向和相对于轴 $X_{\text{МОСТ}}$ 的角振动方程和方程组 1.6 一致。

我们写出左右平衡器相对于它们的旋转轴的角振动微分方程：

$$\begin{aligned} J_6 \ddot{\varphi}_{\text{блев}} &= (F_{12} - F_{13}) \dfrac{l_6}{2} \cos \varphi_{\text{блев}}, \\ J_6 \ddot{\varphi}_{\text{бпр}} &= (F_{22} - F_{23}) \dfrac{l_6}{2} \cos \varphi_{\text{бпр}}, \end{aligned} \quad (1.10)$$

其中：J_6 为平衡器相对于摆动轴的转动惯量；$\varphi_{\text{блев}}$，$\varphi_{\text{бпр}}$ 分别为左右平衡器的转角。

变形量和相对变形速度定义为：

$$h_{11} = Z_{\text{МОСТ1}} + \dfrac{B_1}{2} \psi_{\text{МОСТ1}} - l_{11} \varphi - \dfrac{B_1}{2} \psi + h_{11\max} - z(t) - Z_{\text{п}}$$

$$\dot{h}_{11} = \dot{Z}_{\text{МОСТ1}} + \dfrac{\dot{B}_1}{2} \dot{\psi}_{\text{МОСТ1}} - l_{11} \dot{\varphi} - \dfrac{\dot{B}_1}{2} \dot{\psi} - \dot{z}(t)$$

$$h_{12} = Z_{\text{МОСТ1}} - \dfrac{B_1}{2} \psi_{\text{МОСТ1}} - l_{12} \varphi + \dfrac{B_1}{2} \psi + h_{12\max} - z(t) - Z_{\text{п}}$$

$$\dot{h}_{12} = \dot{Z}_{\text{МОСТ1}} - \dfrac{\dot{B}_1}{2} \dot{\psi}_{\text{МОСТ1}} - l_{12} \dot{\varphi} + \dfrac{\dot{B}_1}{2} \dot{\psi} - \dot{z}(t)$$

$$h_{21} = Z_{\text{МОСТ2}} + \dfrac{B_1}{2} \psi_{\text{МОСТ2}} - 0.5 l_6 \varphi_{\text{блев}} - l_{21} \varphi - \dfrac{B_1}{2} \psi + h_{21\max} - z(t) - Z_6$$

$$\dot{h}_{21} = \dot{Z}_{\text{МОСТ2}} + \dfrac{\dot{B}_1}{2} \dot{\psi}_{\text{МОСТ2}} - 0.5 l_6 \dot{\varphi}_{\text{блев}} - l_{21} \dot{\varphi} - \dfrac{\dot{B}_1}{2} \dot{\psi} - \dot{z}(t)$$

$$h_{31} = Z_{\text{МОСТ3}} + \dfrac{B_1}{2} \psi_{\text{МОСТ3}} + 0.5 l_6 \varphi_{\text{блев}} - l_{31} \varphi - \dfrac{B_1}{2} \psi + h_{31\max} - z(t) - Z_6$$

$$\dot{h}_{31} = \dot{Z}_{\text{МОСТ3}} + \dfrac{\dot{B}_1}{2} \dot{\psi}_{\text{МОСТ3}} + 0.5 l_6 \dot{\varphi}_{\text{блев}} - l_{31} \dot{\varphi} - \dfrac{\dot{B}_1}{2} \dot{\psi} - \dot{z}(t)$$

$$h_{22} = Z_{\text{МОСТ2}} - \frac{B_1}{2}\psi_{\text{МОСТ2}} - 0.5\, l_6 \varphi_{\text{бпр}} - l_{22}\varphi + \frac{B_1}{2}\psi + h_{22\max} - z(t) - Z_6$$

$$\dot{h}_{22} = \dot{Z}_{\text{МОСТ2}} - \frac{B_1}{2}\dot{\psi}_{\text{МОСТ2}} - 0.5\, l_\sigma \dot{\varphi}_{\text{бпр}} - l_{22}\dot{\varphi} + \frac{B_1}{2}\dot{\psi} - \dot{z}(t)$$

$$h_{32} = Z_{\text{МОСТ3}} - \frac{B_1}{2}\psi_{\text{МОСТ3}} + 0.5\, l_\sigma \varphi_{\text{бпр}} - l_{32}\varphi + \frac{B_1}{2}\psi + h_{32\max} - z(t) - Z_6$$

$$\dot{h}_{32} = \dot{Z}_{\text{МОСТ3}} - \frac{B_1}{2}\dot{\psi}_{\text{МОСТ3}} + 0.5\, l_\sigma \dot{\varphi}_{\text{бпр}} - l_{22}\dot{\varphi} + \frac{B_1}{2}\dot{\psi} - \dot{z}(t)$$

后部弹簧的角刚度 C_φ 可由下式来估算

$$C_\varphi = \frac{4En_p b_p h_p^3}{\delta l_p^2},$$

$$\delta = \frac{3\left(1 - \dfrac{1}{n_p}\right)\left(1 - \dfrac{3}{n_p}\right) - \dfrac{2}{n_p^2}\ln\left(\dfrac{1}{n_p}\right)}{2\left(1 - \dfrac{1}{n_p}\right)^3},$$

其中：$E = 2.1 \times 10^5$ MPa 是第一类弹性模量；n_p 为弹簧组件中的弹簧板片数；h_p、b_p、l_p 分别为弹簧板的厚度、宽度和长度。

那么，后悬架的等效线性刚度 C_h 可定义为

$$C_h = \frac{2\,C_\varphi}{l_6^2}$$

模型的其余参数与具有车桥的轮式车辆参数确定方法一致。

1.3 将轮式车辆的承载系统视为弹性可变形物体

当驾驶长轴距的多轴车辆沿非平路面行驶时，由于车架发生了扭转，在边界位置可以观察到车架发生了明显的运动。我们将把车辆的承载系统看作一个长杆，并假设该杆具有几乎无限的抗弯和抗拉强度，以及无限的扭转柔度。当振动时，在杆与悬架的连接处施加集中力矩。

我们需采取以下基本假设。

- 只考虑承载系统的弹性变形：在移除载荷后，结构几何形状完全恢复，即只考虑承载系统工作在弹性变形区域内。
- 在所有的平面内，我们认为该车体在弯曲和拉压方面是绝对刚性的。在法向截面内连接任何两点的向量，在任何外部载荷作用下，具有恒定长

度,而且任何法向截面之间的间距是不变的。
- 假设承载系统的横截面轮廓是不可变形的。

这些假设允许我们以薄壁棱柱杆的形式表示承载系统,这个杆的横截面轮廓为开放对称结构,并且轮廓只有一个对称轴。其计算简图如图 1.6 所示。沿着杆的长度方向,在杆所在平面内,安装横向刚性的隔板。该杆的截面将围绕截面几何中心做刚性整体旋转。

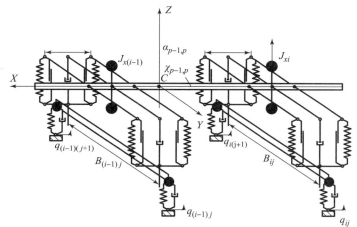

图 1.6 当把承载系统考虑为弹性变形体时的计算简图

C—质心;J_{xi},$J_{x(i-1)}$—分别是第 i 和第 $(i-1)$ 个集中质量的旋转惯量;

q_{ij},$q_{(i-1)j}$—分别是第 j 侧,第 i 个和第 $(i-1)$ 个车轮的纵向坐标

在承载系统发生扭转振动时,与结构摩擦和迟滞摩擦有关的能量是被耗散掉的。这种能量耗散发生在支撑结构本身以及固定各种设备和部件的连接处。有相关实验表明,结构摩擦在一阶段过程中可以认为和扭转角速度成正比,也就是被认为是黏性摩擦。多轴重载轮式车辆的承载系统的近似结构摩擦系数是 $\xi = 2.5 \times 10^4$(N·m·s)/rad。

我们来组建车身沿纵轴做弹性变形运动的微分方程组。

$$\begin{cases} m_{\text{ПМ}} \ddot{z} = \sum_{j=1}^{2} \sum_{i=1}^{n} F_{ij} - m_{\text{ПМ}} g \\ J_Y \ddot{\varphi} = \sum_{j=1}^{2} \sum_{i=1}^{n} F_{ij} l_{ij} \\ J_X \ddot{\psi}_l = \sum_{j=1}^{2} \sum_{i=1}^{n} F_{ij} B_{ij} - \xi_{i-1,i}(\dot{\psi}_i - \dot{\psi}_{i-1}) + \xi_{i,i+1}(\dot{\psi}_{i+1} - \dot{\psi}_i) - \\ \chi_{i-1,i}(\psi_i - \psi_{i-1}) + \chi_{i,i+1}(\psi_{i+1} - \psi_i), \quad i = 1,2,\cdots,n \end{cases}$$

其中 ψ_i—承载系统第 i 个截面的扭转角；$\xi_{i,i+1}$—承载系统在车辆第 i 个和第 $(i+1)$ 个轴之间部分的结构性摩擦系数；$\chi_{i,i+1}$—承载系统第 i 个和第 $(i+1)$ 个轴之间的部分的角刚度；J_{Xi}—在第 i 个截面上，簧载质量相对于纵轴的转动惯量。

我们将车轮悬架的变形量和相对变形速度表示为：

$$h_{ij} = z_{ij} - l_{ij}\varphi - b_j\psi_i + h_{ij\max} - z(t);$$
$$\dot{h}_{ij} = \dot{z}_{ij} - l_{ij}\dot{\varphi} - b_j\dot{\psi}_i - \dot{z}(t)$$

本例中，在考虑车辆承载系统柔性的情况下，建立了带有独立悬架的三轴轮式车辆直线运动模型。簧载质量的垂向和纵向振动的微分方程与前述针对独立悬架的情况没有区别。我们写出车体横向角振动的微分方程，假设质量集中在车辆安装轴的位置，并且承载系统所有部分的角刚度和阻尼是相同的。

对于位于第一轴安装位置的第一个集中质量：

$$\frac{J_X}{3}\frac{d^2\psi_1}{dt^2} = F_{11}\frac{B}{2} - F_{21}\frac{B}{2} + \chi(\psi_2 - \psi_1) + \xi\left(\frac{d\psi_2}{dt} - \frac{d\psi_1}{dt}\right)$$

对于第二个集中质量：

$$\frac{J_X}{3}\frac{d^2\psi_2}{dt^2} = F_{12}\frac{B}{2} - F_{22}\frac{B}{2} + \chi(\psi_3 - 2\psi_2 + \psi_1) + \xi\left(\frac{d\psi_3}{dt} - 2\frac{d\psi_2}{dt} + \frac{d\psi_1}{dt}\right)$$

对于第三个集中质量：

$$\frac{J_X}{3}\frac{d^2\psi_3}{dt^2} = F_{13}\frac{B}{2} - F_{23}\frac{B}{2} + \chi(\psi_3 - \psi_2) + \xi\left(\frac{d\psi_3}{dt} - \frac{d\psi_2}{dt}\right)$$

其他参数的确定过程和带有车桥的轮式车辆类似。

1.4 设定悬架和轮胎的弹性和阻尼特性

悬架和轮胎的弹性和阻尼特性将以下列形式确定：
- 弹性特性：定义为弹力和变形量之间的关系；
- 阻尼特性：定义为阻尼力与变形速度之间的关系。

在压缩行程中，当冲击作用在行程限位器上的时候，给定元件的弹性特性增大（增大两个数量级）。这样的弹性特性作用在超过最大压缩行程 $h_{\max}$ 的区域内。如果悬架变形为负值，当冲击作用在回程限位器上时，可以使用类似的方法给定弹性特性。也就是说在回程超过最大行程的时候，给定增大两个数量级的弹性特性（见图1.7）。

轮式车辆悬架的阻尼特性服从如图1.8所示关系，该关系的核心在于保证必

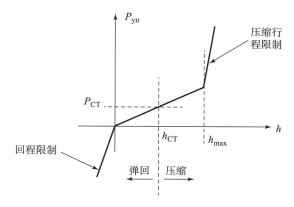

图 1.7 悬架的弹性特性

$P_{уп}$—悬架中的弹力；h—悬架变形量；$P_{ст}$—悬架上的
静载荷；$h_{ст}$—悬架的静态变形量

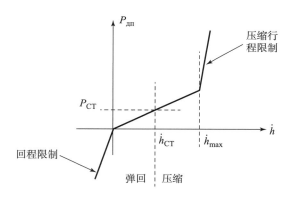

图 1.8 悬架阻尼特性

$P_{дп}$—悬架中的阻尼力；$\dot{h}$—形变速度

须的耗散系数的数值大小。(参见例 [1])

车轮轮胎的弹性特性在压缩区间和悬架的弹性特性类似。在拉伸区间特性为 0，这样用来模拟车轮脱离地面的情况，如图 1.9 所示。

轮胎的阻尼特性如图 1.10 所示。在该模型中必须牢记的是，在仿真过程中，当轮胎形变 $h_{кij} < 0$ 时，$P_{кдпij} = 0$ （考虑到轮胎脱离支撑表面的情况）。

为了最终确定悬架和轮胎的特性，有必要确定其静态载荷以消除悬架和车轮的静态形变对仿真建模的影响。

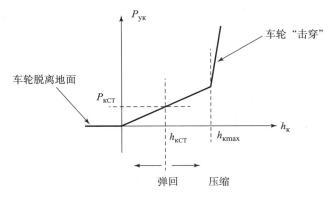

图 1.9 轮胎的弹性特性

P_{ky}—车轮的弹力；h_k—车轮形变；P_{kcr}—悬架上的静载荷；
h_{kcr}—车轮的静态形变

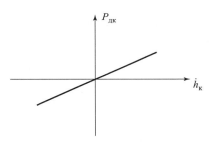

图 1.10 轮胎阻尼特性

$P_{\text{дк}}$—轮胎阻尼力；$\dot{h}_k$—轮胎形变速度

1.5 确定轮式车辆车轴的静载荷

在开始创建轮式车辆模型前，必须明确悬架系统和轮胎的弹性特性，也就是说，必须要确定轮式车辆各轴上的静载荷。这是因为簧载质量的中心通常不位于车轮第一轴和最后一轴的中间位置，而且车轴不是等距放置的。这会导致各个轴上的负载不同，如果不给定每个悬架上力 P_{crij} 的值（图 1.7）和每个轮胎上力 P_{Kcrij} 的大小（图 1.9），那么，当车辆静止在平面上的时候，将会出现倾斜现象，而这是不允许的。因此，在设计车辆悬架特性时需要针对每个轴进行适配，以实现车辆平衡。

在车辆静止在水平路面的时候，通过簧载质量和外载荷的重量特性确定的悬架中的作用力如图 1.11 所示。下一组方程为：

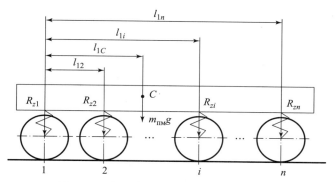

图 11.1 用于确定悬架静载荷的计算简图

R_{zi}—是作用在轮式车辆的第 i 轴上的静载荷；l_{1i}—从第 1 至第 i 轴的间距；l_{1C}—第一轴到车辆质心的距离；$m_{пм}g$—车身的质量

$$\begin{cases} \sum_{i=1}^{n} R_{zi} = m_{пм}g \\ \sum_{i=2}^{n} R_{zi}l_{1i} = m_{пм}gl_{1C} \\ (l_{12} - l_{13})R_{z1} + l_{13}R_{z2} - l_{12}R_{z3} = 0 \\ (l_{12} - l_{14})R_{z1} + l_{14}R_{z2} - l_{12}R_{z4} = 0 \\ \cdots\cdots\cdots\cdots\cdots\cdots\cdots\cdots\cdots\cdots \\ (l_{12} - l_{1i})R_{z1} + l_{1i}R_{z2} - l_{12}R_{zi} = 0 \\ \cdots\cdots\cdots\cdots\cdots\cdots\cdots\cdots\cdots\cdots \\ (l_{12} - l_{1n})R_{z1} + l_{1n}R_{z2} - l_{12}R_{zn} = 0 \end{cases}$$

其中：R_{zi} 为作用在车辆的第 i 轴上的静载荷；l_{1i} 为第 1 轴与第 i 轴的间距；l_{1C} 为从第 1 轴到车身质心的距离。

各悬架上的静载荷将根据下列关系确定：

$$P_{CTij} = P_{CTi(j+1)} = 0.5R_{zi}$$

各车轮上的静载荷通过下式确定：

$$P_{KCTij} = P_{KCTi(j+1)} = 0.5R_{zi} + m_{ij}g$$

以上是构建模型所需的所有准备程序。

1.6 确定驾驶员工作位置的振动载荷

当车辆行驶在不同路面上时，驾驶员给定车辆速度并选择行驶路径，在急剧减速和行驶方向突然变化的时候，应尽量减少作用在自身的载荷，以及由道路变化引起的车体剧烈振动。因此，悬架系统的使用性能指标应该根据驾驶员的感觉来确定。

一个人承受振动过载的能力与他身体的结构特征有关。最不适的振动频率是那些会引起人体内脏器官共振的频率。人的痛苦感觉与过载的作用方向、大小、频率和作用的持续时间有关。在 0~2 Hz 的扰动频率范围内，人能够忍受（3.0~3.5）g 的短期过载；在 2~25 Hz 的频率（不适的临界频率），扰动的垂直加速度约为 0.5 g。

驾驶员会受到线性振动和角振动的影响，然而当角振动中心与驾驶员的工作位置距离足够远的情况下，习惯上将角振动转换为等效的线性振动。

车辆的平顺性通常在 0.7~22.4 Hz 的范围内进行评价。为了评估驾驶员的振动负荷，振动的频率范围通常分为几个部分，称作倍频带或者倍频。不同振动频率下的振动加速度会以不同的方式影响人，最危险的是垂直振动频率为 3.8 Hz，人体最重要的内脏器官的固有频率落在这个范围内。

通过以下公式计算第 i 个倍频带中的以 dB 为单位的振动加速度水平 L_{wi}

$$L_{wi} = 20\lg \frac{\text{CKO}_{ai}}{10^{-6}}$$

其中：CKO_{ai} 为第 i 个倍频程频带中振动加速度的有效均方根值；10^{-6} 为阈值。驾驶员连续工作 8 小时过程中垂直振动的最大允许水平见表 1.1。

表 1.1　驾驶员连续工作 8 小时过程中垂直振动的最大允许水平（根据 GOST 12.1.012）

倍频带编号	I	II	III	IV	V
倍频带边界/Hz	0.7–1.4	1.4–2.8	2.8–5.6	5.6–11.2	11.2–22.4
振动水平的最大允许值 L_{wi}/dB	121	118	115	116	121
振动水平最大允许值 CKO_{normi}^{480}/(m·s^{-2})	1.10	0.79	0.57	0.60	1.13

如果振动暴露时间小于 8 小时，则使用下列公式对第 i 个倍频带的最大振动水平值进行放大计算，

$$\text{CKO}_{normi}^{T} = \text{CKO}_{normi}^{480} \sqrt{\frac{480}{T}}$$

其中：T 为振动的持续时间，单位：分钟。

为了分析驾驶员的振动载荷，仍然需要开发一种用于模拟道路状况的数学模型。

2

路面不平度建模

2.1 简谐曲线路面不平度

通过公式计算车轮下方支撑表面的谐波分布

$$q_{ji} = 0.5H\sin(\omega t + \varphi_q) \tag{2.1}$$

其中：H 为路面不平度的高度（支撑面的纵向轮廓的振幅）；$\omega = \dfrac{2\pi v}{L_q}$ 为支撑面周期性路面不平度的振荡频率，rad/s（v—车速，m/s；L_q 为支撑面周期性路面不平度的波长，m）；φ_q 为振动相位；t—时间，s。

2.2 随机路面不平度的特性

一般来说，在车辆动力学层面有大量外部因素会影响到行驶速度。通常，为了描述外部条件，会使用在垂直平面中的路面轮廓、直线运动的阻力系数、附着力、转向阻力、行驶路径在平面中的曲率等参数。其中对车辆底盘影响最大的是路面不平度。众所周知，这种相互作用的强度取决于车辆的行驶速度，也就是说，取决于发动机负荷和运输货物的质量，并且归因于道路不平度阻力和车辆运动的阻力系数。

为了方便在建模中使用，实际上，任何路面不平度特性可以表示为：$q = q(l)$，其中 q，l 分别是与参考路面相关联的固定笛卡尔坐标系的垂向和水平坐标。

为了描述车辆左侧和右侧行动机构经过的相同路面，需要得到路面不平度高度的相关函数。

路面不平度最常见的近似相关函数 $R(l)$ 如下所示：

$$R(l) = D_q e^{-\alpha_\tau |l|} \cos(\beta_\tau l) \tag{2.2}$$

其中：D_q 为路面不平度的方差；l 为行驶路径的长度；α_τ，β_τ 分别为表征路面不规则性的系数。

D_q、α_τ、β_τ 分别为的值详见表2.1。

表2.1 路面微观轮廓的相关函数的近似系数的值

路面类型	D_q/cm^2	$\alpha_\tau/\text{m}^{-1}$	β_τ/m^{-1}
加固的沥青路面	0.79	0.08	0143
沥青混凝土公路	5.33	0.15	0.0
质量好的土路	47.6	0.38	0.47
碎石的土路	134.6	0.45	0414
越野	262.4	0.15	0.57

成形的二阶微分方程

$$\begin{cases} \ddot{q}_1 + 2\alpha_v \dot{q}_1 + b^2 q_1 = K\dot{x}_{[0;1]} + b^2 x_{[0;1]} \\ b^2 = \alpha_v^2 + \beta_v^2 \\ K = \sqrt{\dfrac{2D_q \alpha_v}{D_{x_{[0;1]}} \Delta t}} \\ \alpha_v = \alpha_\tau v;\ \beta_v = \beta_\tau v \end{cases} \tag{2.3}$$

其中：Δt 为时间间隔；q_1 为道路剖面的纵坐标；$x_{[0;1]}$ 为白噪声过程，数学期望为0，方差为1；v 为车辆的行驶速度。

将（2.3）变换为一阶微分方程组

$$\begin{cases} \dfrac{df}{dt} = Kbx_{[0;1]} - b^2 q_1 \\ \dfrac{dq_1}{dt} = Kx_{[0;1]} - 2\alpha_v q_1 + f \end{cases} \tag{2.4}$$

在零初始条件下求解方程组（2.4），我们可以获得一侧车轮路面剖面纵坐标。

2.3 另一侧车辙不平度建模

可由成形滤波器（Shaping - fitter）输出获得随机过程 q_2，其微分方程由等式描述：

2 路面不平度建模

$$\frac{\mathrm{d}q_2(t)}{\mathrm{d}t} + \frac{rv}{B_k}q_2(t) = \frac{rv}{B_k}q_1(t) \tag{2.5}$$

其中：B_k 为车辆的轮距；r 是近似经验系数。

不同类型道路的 r 值如下所示：

对于沥青混凝土路面 $r = 5.4 \sim 5.8$；

对于鹅卵石路面 $r = 4.5$；

对于泥路 $r = 3.5$。

需要注意，在式（2.5）中滤波器的输入信号是随机过程 $q_1(t)$，它是在上一阶段的模拟期间获得的。对微分方程（2.5）在零初始条件下进行求解，得到沿另一侧车轮的路面轮廓 $q_2(t)$。

2.4 轮胎的平滑能力

车轮是车辆动力学系统的重要组成部分，在很大程度上决定了它的性质。特别地，轮胎的以下参数影响车辆行驶的平顺性：半径、接触区域的长度和宽度、阻尼特性、径向刚度。

在研究车辆行驶的平顺性时，车轮有限长度接触点的平滑作用具有重要意义，这相当于是对路面轮廓进行实时平均运算。

$$q_c(l) = \frac{1}{2l_0}\int_{l-l_0}^{l+l_0} q(l)\,\mathrm{d}l \tag{2.6}$$

其中：$q(l)$ 是路段剖面的微观特征；$q_c(l)$ 是平滑后的微观特征；$2l_0$ 为轮胎与道路接触区域的长度。

变换（2.6）的频向特性 $H(\lambda l_0)$ 如下所示（对应曲线如图 2.1 中曲线 1）：

$$H(\lambda l_0) = \left|\frac{\sin \lambda l_0}{\lambda l_0}\right| \tag{2.7}$$

其中：$\lambda = 2\pi/l$ 为路面空间频率，м^{-1}（此处 l 是粗糙度波长，m）。

式 2.7 中，假设接触点的长度为常数 $2l_0 = \text{const.}$。然而，实际上，由于垂直振动，接触区域的长度会在与车轮上的静载荷相对应的平均值附近的较大范围内发生变化，范围可由公式

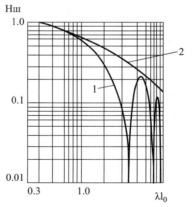

图 2.1 轮胎平滑能力的频向特性

1—式（2.7）对应的曲线；
2—平滑曲线

确定：
$$(2l_0)_{cp} \approx \sqrt{2r_{\text{K}} h_{\text{CT}}}$$

其中：h_{CT} 为车轮在静载荷下的形变；r_{K} 是车轮的半径。

因此，振动的频向特性（2.7）得到平滑，在第一次近似后，如图 2.1 的曲线 2，可以写作：

$$H(j\lambda) = \frac{\lambda_B}{j\lambda + \lambda_B}$$

$$\lambda_B = 1，1/l_0$$

然后，模拟轮胎平滑能力的滤波器的微分方程可以写成如下形式

$$\frac{\mathrm{d}q_c}{\mathrm{d}t} + \lambda_B q_c = \lambda_B q \tag{2.8}$$

为了研究驾驶员的振动载荷而采用更加详细的数学模型，从而考虑车辆悬架系统中实际弹性元件和阻尼元件的结构参数的影响，具有现实意义。

ID# 3

路面不平度的模拟及其准备步骤

数学模型的实现将从准备初始数据开始。为此,在 MATLAB 环境中,您必须创建一个 m 文件并为其命名,例如 "gen.m"。之后,输入初始数据(源文件见图 3.1)。

```
v=1;%运动速度,m/s
dt=0.1;%采样时间,s
B=2.5;%汽车的轮距,m
l0=0.2;%接触区域的长度,m
%越野
Dq=262e-4;%支撑面的方差,m²
r=3.5;%左和右轮路面轮廓的相关系数
alfa_t=0.15;%参数 alfa_t
beta_t=0.57;%参数 betta_t
%破碎的土路
%Dq=134.6e-4;%支撑面的方差,m²
%r=3.5;%左和右轮路面轮廓的相关系数
%alfa_t=0.45;%参数 alfa_t
%beta_t=0.414;%参数 betta_t
%质量好的土路
%Dq=47.6e-4;%支撑面的方差,m²
%r=3.5;%左和右轮路面轮廓的相关系数
%alfa_t=0.38;%参数 alfa_t
%beta_t=0.47;%参数 betta_t
%沥青混凝土路面
%Dq=5.33e-4;%支撑面的方差,m²
%r=5.5;%左和右轮路面轮廓的相关系数
%alfa_t=0.15;%参数 alfa_t
%beta_t=0.0;%参数 betta_t
%加固的沥青路面
%Dq=0.79e-4;%支撑面的方差,m²
%r=5.5;%左和右轮路面轮廓的相关系数
%alfa_t=0.08;%参数 alfa_t
%beta_t=0.143;%参数 bett
a_talfa_v=alfa_t*v;
beta_v=beta_t*v;
b=sqrt(alfa_v*alfa_v+beta_v*beta_v);
K=sqrt(2*Dq*alfa_v/dt);
```

图 3.1 源文件

用于计算实时运算时间 t 的模块（在给定速度 $v=1$ m/s 的情况下，可以得到实时的纵向坐标 l）如图 3.2 所示。

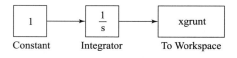

图 3.2　计算实时运算时间 t 的模块

道路剖面生成程序如图 3.3 所示。对于程序中使用的所有积分器，给定的初始条件为零。随机信号发生器"限带白噪声"Band-Limited White Noise 配置如图 3.4 所示。

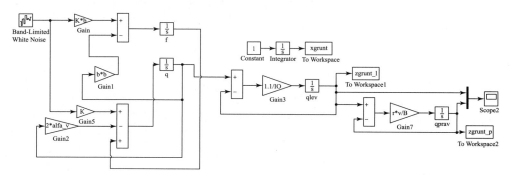

图 3.3　道路剖面建模程序总视图

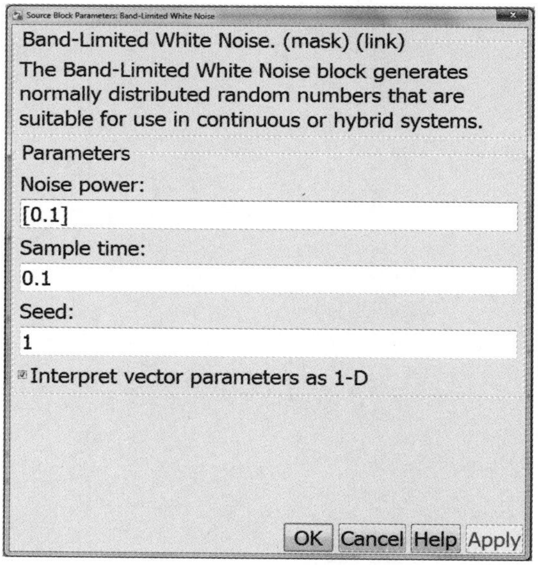

图 3.4　随机信号发生器"限带白噪声" Band-Limited White Noise 模块配置

路面不平度必须在定步长条件下生成,为此必须通过菜单 Simulation\Model Configuration Parameters 对求解器进行设置(图 3.5)。

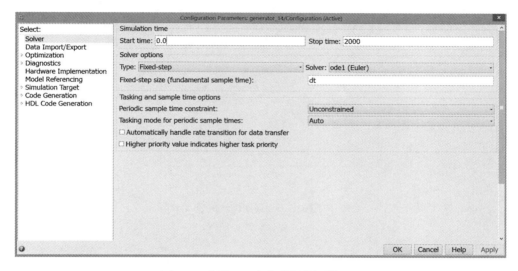

图 3.5　路面不平度生成器求解器设置

为了储存获得的左侧和右侧车轮的路面不平度,我们将使用 To Workspace 模块(见图 3.3)。在"xgrunt"中记录沿 X 轴的坐标值,在"zgrunt_l"中记录左侧车轮接触路面沿 Z 轴的坐标值,"zgrunt_p"模块保存右侧车轮接触路面沿 Z 轴的坐标值。上述 To Workspace 模块的配置如图 3.6 所示。

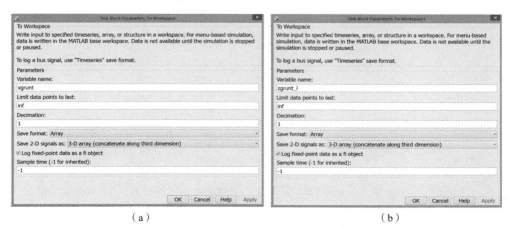

(a)　　　　　　　　　　　　　　(b)

图 3.6　ToWorkspace 模块配置

(a)沿 X 轴坐标值;(b)左侧车轮沿 Z 轴坐标值

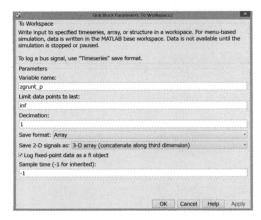

(c)

图 3.6　ToWorkspace 模块配置（续）

(c) 右侧轮沿 Z 轴坐标值

程序运行完成后，具有相应名称的变量将出现在 Workspace 工作区中（图 3.7）。

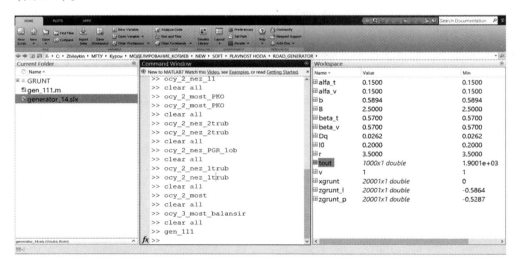

图 3.7　程序运行结束后 Workspace 工作区视图

这些变量可以以一个通用的名称保存到单个文件中，例如"Grunt.mat"。为此，先用鼠标左键选中需保存的三个变量（xgrunt, zgrunt_l, zgrunt_p），再使用右键菜单（通过鼠标右键单击变量名）并以指定的名称保存在新文件中（图 3.8）。

3 路面不平度的模拟及其准备步骤   29

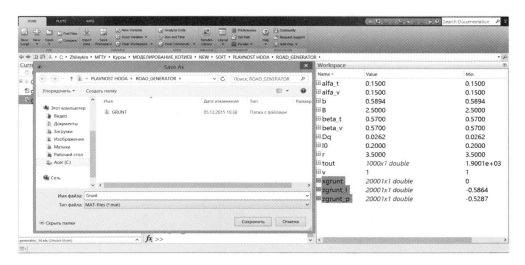

图 3.8　将"Grunt. mat"文件保存到磁盘

自我检测

1. 什么是白噪声？
2. 轮胎平滑能力的物理意义是什么？
3. 在 MATLAB/SIMULINK 环境中如何确定当前的运行时间 t？

4

轮式车辆沿不平路面直行时的平顺性研究

■ 4.1 具有独立悬架的双轴驱动车辆:准备及建模

下面是 m 文件以及模型的源数据。

```
g =9.81;
v =10/3.6;%行驶速度,m/s
M =6000;%车轮的簧载质量,kg
J_prod =13625;%车体相对于纵轴的转动惯量,kg·m²
J_pop =6000;%车体相对于横轴的转动惯量,kg·m²
m_k =60;%车轮质量,kg
rk =0.6;%车轮的自由半径,m
h_p_max =0.4;%悬架最大形变量,m
h_sh_max =0.06;%轮胎的最大形变量,m
B =2.5;%轮距,m
H_cm =rk - h_sh_max/2 + h_p_max/2;%质心高度,m
l1 =1.5;%前轴相对于车辆质心的纵向坐标,m
l2 = -2.5;%后轴相对于车辆质心的纵向坐标,m
L =l1 - l2;%轴距,m
x_dr =0.8*l1;%驾驶员座椅相对于车辆质心的纵向坐标,m
y_dr =0.9*B/2;%驾驶员座椅相对于车辆质心的横向坐标,m
%确定各个轴上的静载荷
A = [1 1;0 L];%矩阵 A
```

```
b = [M*g;M*g*l1];%矩阵 b
R = A\b;
Rp1 = R(1)/2;%前轴车轮悬架的静载荷,N
Rp2 = R(2)/2;%后轴车轮悬架的静载荷,N
Rk1 = Rp1 +m_k*g;%前轴车轮上的静载荷,N
Rk2 = Rp2 +m_k*g;%后轴车轮上的静载荷,N
%悬架特性
h_p = [-0.5 0 h_p_max/2 h_p_max 1.2* h_p_max];%悬架形变,m
P_p_1 = [-10*Rp1 0 Rp1 2.5*Rp1 10*Rp1];%前轴悬架的弹性力,N
P_p_2 = [-10*Rp2 0 Rp2 2.5*Rp2 10*Rp2];%后轴悬架的弹性力,N
ht_p = [-1 0 1 2];%悬架的形变速度,m/s
P_p_d = [-40000 0 40000 1.1*40000];%悬架的阻尼力,N
%轮胎性能
h_k = [-0.5 0 h_sh_max/2 h_sh_max 1.2*h_sh_max];%轮胎形变,m
P_k_1 = [0 0 Rk1 3*Rk1 1000000];%轮胎前轴的弹性力,N
P_k_2 = [0 0 Rk2 3*Rk2 1000000];%后轴轮胎的弹性力,N
ht_k = [0 1];轮胎的形变速度%,m/s
P_k_d = [0 15000];%轮胎阻尼力,N
%导入路面不平度
load grunt3;
```

图 4.1 给出了用于求解车体质心竖直方向振动微分方程的程序框图。积分器 Zt_c 的初始条件为零,对于积分器 Z_c,初始条件须设置为车体的质心高度:H_cm。

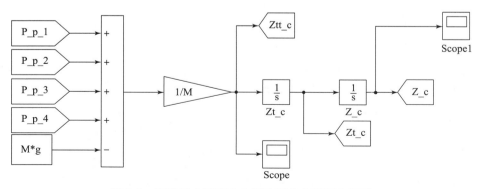

图 4.1 车体质心竖直方向振动微分方程程序框图

图 4.2 和图 4.3 分别是求解纵向和横向角振动微分方程的程序框图，所有的积分器初始条件设为 0。

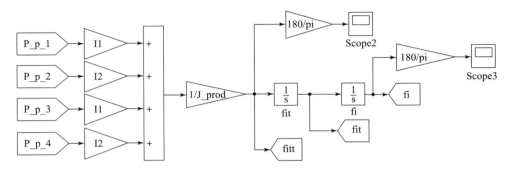

图 4.2　车体纵向角振动微分方程程序框图

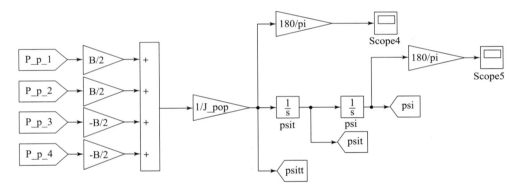

图 4.3　车体横向角振动微分方程程序框图

车辆的第三组车轮 - 悬架组合单元的程序框图如图 4.4 所示。图 4.5 中的 Podveska_3 模块用于计算悬架中的合力，图 4.6 中的 Koleso_3 模块用于计算车轮振动参数。

其他三组车轮 - 悬架单元的结构与之类似。悬架的弹性特性 PODV_UPR 和阻尼特性 PODV_DEMP 的配置方法如图 4.7 所示。轮胎的弹性特性 SHINA_UPR 和轮胎的阻尼特性 SHINA_DEMP 的设置如图 4.8 所示。Koleso_3 模块中的第二个积分器（第一个积分器的初始条件为 0）的初始条件设定方法如图 4.9 所示。

用于确定车轮下方路面不平度时高度的程序框图如图 4.10 所示。该模块是用于确定当前时刻各个车轮质心的 X 坐标，为了达成这个目标，将在给定恒定速度 "v" 的情况下进行积分。与此同时，后轴车轮积分器的初始条件为零，而前轴车轮的初始条件为轴距 L（图 4.11）。

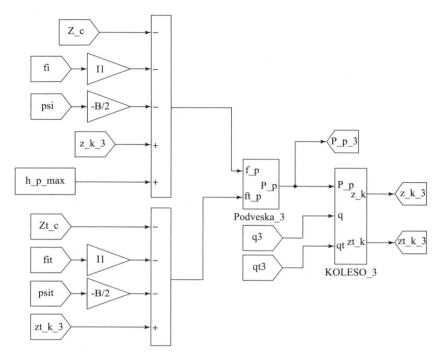

图 4.4 车辆的第三支撑行动模块（悬架和车轮）

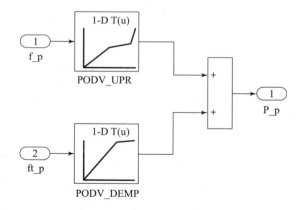

图 4.5 Podveska_3 模块

在确定每个车轮的当前时刻的 X 坐标之后，可以使用"LookUp Table"模块确定路面的轮廓的高度。第二个轮和第四个轮模块的设置如图 4.12（a）所示，第一和第三个车轮模块见图 4.12（b）。

4 轮式车辆沿不平路面直行时的平顺性研究　35

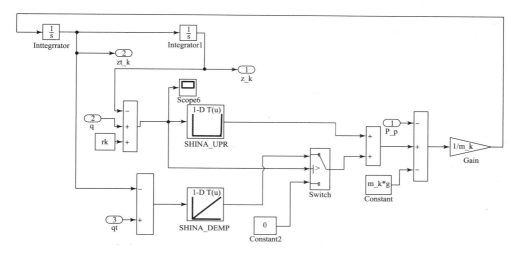

图 4.6　Koleso_3 模块

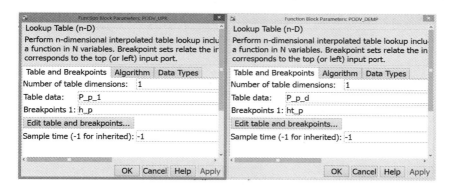

图 4.7　设置悬架的弹性特性 PODV_UPR 和阻尼特性 PODV_DEMP

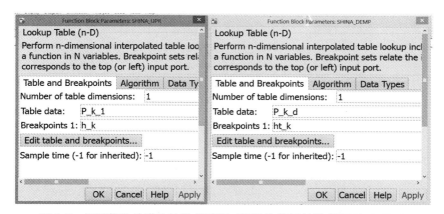

图 4.8　设置轮胎的弹性特性 SHINA_UPR 和阻尼特性 SHINA_DEMP

36 ■ 车辆系统建模

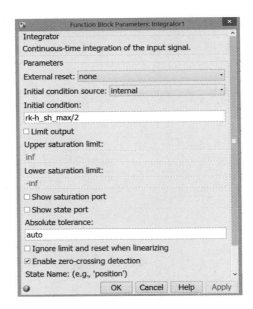

图 4.9 设置 Koleso_3 模块的第二个积分器初始条件

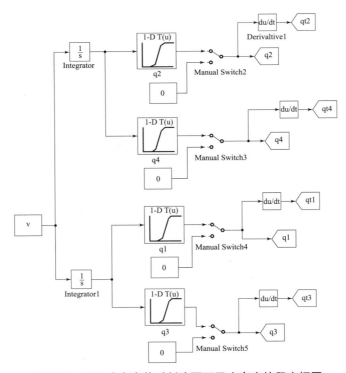

图 4.10 用于确定当前时刻路面不平度高度的程序框图

4 轮式车辆沿不平路面直行时的平顺性研究

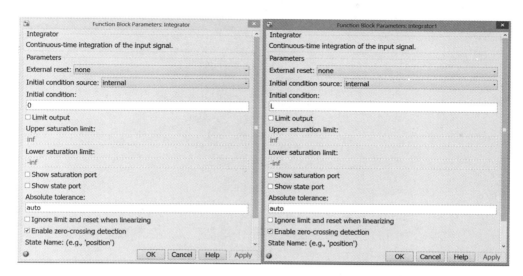

图 4.11 车辆前轴和后轴车轮积分模块初始条件

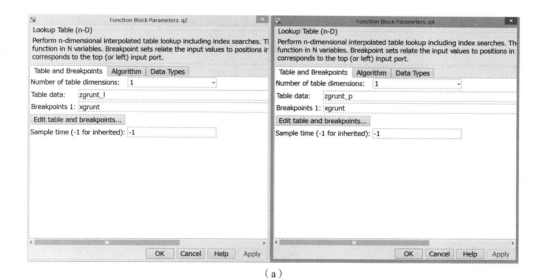

(a)

图 4.12 配置"LookUp Table"模块

(a) 针对第二和第四个车轮

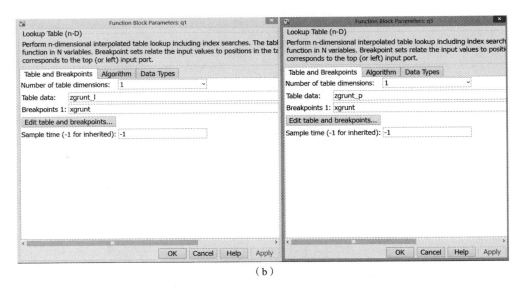

(b)

图 4.12 配置"LookUp Table"模块（续）

(b) 针对第一和第三个车轮

4.2 具有半独立悬架（扭力梁式悬架）双轴驱动轮式车辆：准备及建模

下面是 m 文件以及模型的源数据。

g=9.81;
v=20/3.6;
N_k=4;
M=18,600;%簧载质量
m_m=150;%车桥质量
rk=0.6;%车轮的自由半径,m
h_p_max=0.4;%最大悬架行程
h_sh_max=0.08;%最大轮胎形变量
B=2.034;%轮距
B1=0.8*B;%弹簧间距
l1=2.226;
l2=-1.374;

```
L = l1 - l2;%轴距,m
H_cm = rk - h_sh_max/2 + h_p_max/2;%质心高度,m
x_dr = 0.8*l1;%驾驶员座椅相对于车体质心的纵向坐标,m
y_dr = 0.9*B/2;%驾驶员座椅相对于车体质心的横向坐标,m
%转动惯量
J_prod = 56892;
J_pop = 19238;
J_m = 190;%车桥的转动惯量
%确定各个车轴上的静载荷
A = [1 1;0 L];%矩阵 A.
b = [M*g;M*g*l1];%矩阵 b
R = A\b;
Rp1 = R(1)/2;%前轴车轮悬架轮的静载荷,N
Rp2 = R(2)/2;%后轴车轮悬架轮的静载荷,N
Rk1 = Rp1 + m_m*g/2;%前轴车轮上的静载荷,N
Rk2 = Rp2 + m_m*g/2;%后轴车轮上的静载荷,N
%悬架特性
h_p = [-0.5 0 h_p_max/2 h_p_max 1.2*h_p_max];%悬架形变,m
P_p_1 = [-10*Rp1 0 Rp1 2.5*Rp1 10*Rp1];%前轴悬架的弹性力,N
P_p_2 = [-10*Rp2 0 Rp2 2.5*Rp2 10*Rp2];%后轴悬架的弹性力,N
ht_p = [-1 0 1 2];%悬架的形变速度,m/s
P_p_d = [-40000 0 40000 1.1*40000];%悬架的阻尼力,N
%轮胎性能
h_k = [-0.5 0 h_sh_max/2 h_sh_max 1.2*h_sh_max];%轮胎形变,m
P_k_1 = [0 0 Rk1 3*Rk1 1000000];%前轴轮胎的弹性力,N
P_k_2 = [0 0 Rk2 3*Rk2 1000000];%后轴轮胎的弹性力,N
ht_k = [0 1];%轮胎形变速度,m/s
P_k_d = [0 15000];%轮胎阻尼力,N
%导入路面不平度
load grunt3;
```

带有车桥的双轴车辆模型比独立悬架车辆模型多一种用于计算车桥振动的模块。计算前桥振动的模块如图 4.13 所示。在图 4.14 中模块 MOST_1 用于求解车桥的垂直振动和角振动微分方程。

40 ■ 车辆系统建模

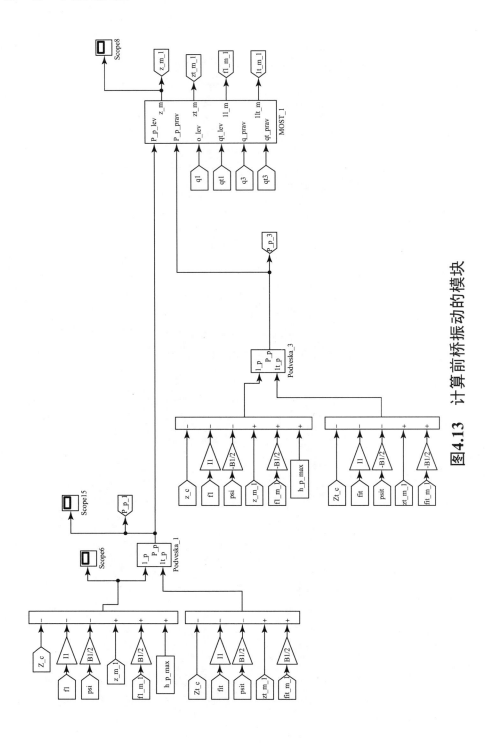

图4.13 计算前桥振动的模块

4　轮式车辆沿不平路面直行时的平顺性研究　■　41

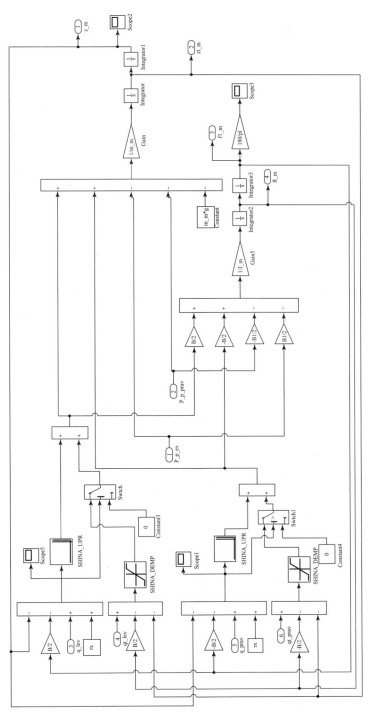

图4.14　模块MOST_1

上述模型中所有积分器初始条件的设定方法和前述 Koleso 模块中的积分器的设置方法类似。

4.3 确定驾驶员工作位置的振动载荷

要确定驾驶员工作位置的振动载荷，首先需要确定工作位置的垂直振动加速度（图 4.15）。

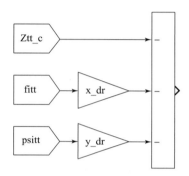

图 4.15 在驾驶员工作位置的垂直振动加速度

x_dr, y_dr—驾驶员相对于车辆质心沿 x 轴和 y 轴的坐标

为了在各个倍频带中分析驾驶员工作位置的振载载荷，我们使用 Butterworth 滤波器（Analog Filter Design 模块）。第一个倍频带滤波器设置如图 4.16 所示，其余倍频带滤波器的设置仅在设置倍频带边界时有所不同。

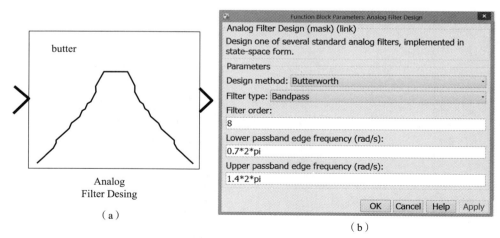

图 4.16 Butterworth 滤波器模块的图标（a）及第一个倍频带设置方法（b）

4 轮式车辆沿不平路面直行时的平顺性研究　　43

接下来，为了获得每个倍频频带中振动的加速度的均方差（MSE），我们需使用 Zero-Order Hold 模块 将模拟信号转换为数字信号，然后用 RMS 模块来计算均方差。所有倍频带模块的设置都是相同的（如图 4.17）。

在最后一步中，我们通过 Fcn 模块计算当前区间的振动加速度水平（图 4.18）。

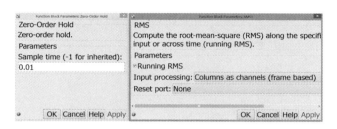

图 4.17　Zero-Order Hold 模块和 RMS 模块设置

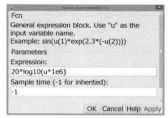

图 4.18　Fcn 模块设置

最终，我们获得了用于确定驾驶员工作位置的振动载荷的程序框图（图 4.19），其中在 Display 模块的窗口中显示的是振动加速度的实时水平（以分贝为单位），须和 GOST 12.1.012 中的标准值进行比较。

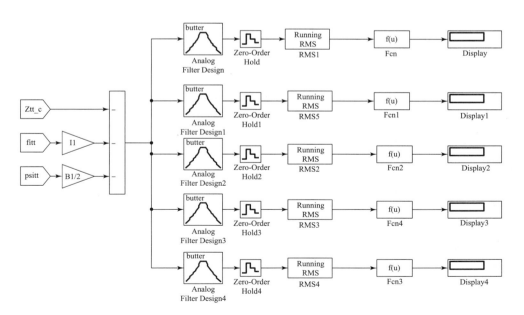

图 4.19　用于确定驾驶员工作位置振动载荷的程序框图

自我检测

1. 如何给定用于求解车辆竖直方向振动微分方程的初始条件？
2. 为车辆的第一轴和后续轴车轮设定的支撑面轮廓高度的特点是什么？
3. 车辆的车轮-悬架单元模块包含哪些软件中的基本模块？
4. 在分频率分析乘员振动载荷的时候，带通滤波器模块的作用是什么？

5 轮式车辆悬架中气液弹簧的数学模型

5.1 基本假设

在构建数学模型时,我们将进行以下假设:
(1) 工作液无泄漏;
(2) 工作液是不可压缩的;
(3) 管道中不存在波动过程;
(4) 工作液的温度是恒定的(即,工作液的运动黏度和摩擦系数被认为是恒定的);
(5) 由于线路、止回阀、阀芯和其他设备造成的摩擦损失不予考虑;
(6) 连接管道的横截面较大,长度较小;
(7) 不考虑阀芯质量。

连续性方程表示运动流体遵守质量守恒定律。对于理想流体,同一流体流经两个横截面 1 和 2 时,其连续性方程可以写作:

$$Q_1 = Q_2 \tag{5.1}$$

其中:Q_1,Q_2 表示流体分别通过第 1 和第 2 截面的流量。

公式(5.1)表明,对于不可压缩工作液的稳态流动来说,其流体任意截面上的流量是恒定的。

流过节流阀后,节流阀入口出口的压降关系已知:

$$Q_{\text{др}} = \mu_{\text{др}} \cdot f_{\text{др}} \cdot \text{sign}(p_1 - p_2) \cdot \sqrt{\frac{2 \cdot |p_1 - p_2|}{\rho}}$$

其中:$\mu_{\text{др}}$ 为节流阀的流量系数;$f_{\text{др}}$ 为节流孔的通流面积;$(p_1 - p_2)$ 为压降;$\rho =$

1 000 kg/m³ 为工作液的密度。

滑动节流阀的流量系数 μ 取决于雷诺数和流体流向工作窗口的流动条件。对于理想的滑动节流阀，可以认为 $\mu_{др} = 0.73 \cdots 0.75$。

在计算密封件摩擦区域的摩擦力时，需要注意到摩擦力大小通常取决于许多因素，如摩擦类型，工作压力，温度，表面粗糙度，密封件的几何和物理机械特性等。气动液压装置的活塞连杆密封件之间的接触区域中由于存在较大的预过盈，此处压力较高，它们的摩擦可以被认为是干摩擦或临界干摩擦。在气动液压元件的数学模型中，干摩擦力和接触表面相对位移速度 V_n 的函数关系如图 5.1 所示。

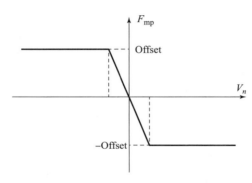

图 5.1　干摩擦特性

干摩擦力的建模将通过干摩擦和粘性摩擦模块 CoulombandViscousFriction 完成（见附录 1），为此干摩擦力的大小 OFFset 可以通过下列关系得到：

$$F_T = \text{Offset} = p_A \times K$$

其中：F_T 是干摩擦力；p_A 为腔 A 中的压力，atm；K = 33 N/atm 为摩擦系数。

让我们继续考虑如何为车轮悬架系统中的各种气动液压装置建立数学模型。

5.2　单管液压减振器的数学模型

在减震器的计算简图中（图 5.2），我们取减震器活塞和活塞分离器的静态位置作为坐标原点，取向上为正方向。

流动方程如下：

$$Q_1 = (S_1 - S_2)\dot{x}; \quad Q_2 = S_2 \dot{x}$$

$$Q_2 = \mu_{др} \cdot f_{др} \cdot \text{sign}(p_1 - p_2) \cdot \sqrt{\frac{2 \cdot |p_1 - p_2|}{\rho}} \tag{5.2}$$

其中：F_{dr} 为节流阀开度面积；(p_1-p_2) 为压降；Q_1，Q_2 为流量；S_1，S_2 为活塞和活塞杆的截面积。

打开式（5.2）的绝对值号：

（1）$p_1 > p_2 \to \dot{x} > 0$，$\text{sign}(\dot{x}) = 1$：活塞向上运动

$$(S_2\dot{x})^2 = (\mu_{\partial p} f_{\partial p})^2 \frac{2(p_1-p_2)}{\rho}$$

$$p_2 = p_1 - \left(\frac{S_2\dot{x}}{\mu_{\partial p} f_{\partial p}}\right)^2 \cdot \frac{\rho}{2}$$

（2）$p_1 < p_2 \to \dot{x} < 0$，$\text{sign}(\dot{x}) = -1$：活塞向下移动

$$(S_2\dot{x})^2 = (\mu_{\partial p} f_{\partial p})^2 \frac{2(p_2-p_1)}{\rho}$$

$$p_2 = p_1 + \left(\frac{S_2\dot{x}}{\mu_{\partial p} f_{\partial p}}\right)^2 \cdot \frac{\rho}{2}$$

然后，用于计算压力 p_2 的表达式如下所示：

$$p_2 = p_1 - \text{sign}(\dot{x})\left(\frac{S_2\dot{x}}{\mu_{\partial p} f_{\partial p}}\right)^2 \cdot \frac{\rho}{2}$$

$$p_r = p_1 = p_{0r} \times \left(\frac{V_{0r}}{V_{0r} - y \cdot S_1}\right)^n$$

$$= p_{0r} \times \left(\frac{V_{0r}}{V_{0r} - x \cdot (S_1 - S_2)}\right)^n$$

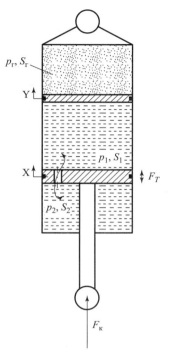

图 5.2 单管液压减震器计算简图

p_r—气体压力；p_1，p_2—分别对应活塞上下腔内的压力；S_1，S_2—活塞和活塞杆的截面积；F_T—干摩擦力；$F_к$ 作用在活塞杆上的力

其中：p_r，$p_{0r} = 5 \text{ atm} = 5 \times 10^5 \text{ Pa}$ 分别是腔内气体压力的当前值和初始值；V_0，V_{0r} 为气体腔体积的当前值和初始值，$V_0 = 1 - 1 \cdot (S_1 - S_2)x_{\max}$；$n = 1.25$ 为多变指数。

活塞杆上的力通过以下公式计算

$$F_к = p_1 \cdot S_1 - p_2 \cdot S_2 + F_T$$

至此，单管液压减震器模型就完成了。

5.3 双管液压减振器的数学模型

双管减震器的计算简图如图 5.3 所示。

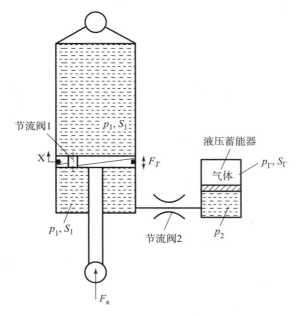

图 5.3 双管液压减振器的计算简图

$p_г$—气压；p_1，p_3—活塞上方和下方腔内的压力；p_2—液压蓄能液体腔内的压力；S_1，S_3—活塞的和活塞杆的截面积；$S_г$—液压蓄能器气体腔的面积；F_T—干摩擦力；$F_к$作用于活塞杆上的力

流动方程如下：

$$Q_2 = (S_1 - S_3)\dot{x} \ ; \ Q_1 = S_1 \dot{x}$$

$$Q_1 = \mu_{др} \cdot f_{\partial p1} \cdot \text{sign}(p_1 - p_3) \cdot \sqrt{\frac{2 \cdot |p_1 - p_3|}{\rho}};$$

$$Q_2 = \mu_{др} \cdot f_{\partial p2} \cdot \text{sign}(p_3 - p_2) \cdot \sqrt{\frac{2 \cdot |p_2 - p_3|}{\rho}};$$

$$p_1 = p_3 + \text{sign}(\dot{x})\left(\frac{S_1 \dot{x}}{\mu_{\partial p} f_{\partial p1}}\right)^2 \cdot \frac{\rho}{2}$$

$$p_3 = p_2 - \text{sign}(\dot{x})\left(\frac{(S_1 - S_3)\dot{x}}{\mu_{\partial p} f_{\partial p2}}\right)^2 \cdot \frac{\rho}{2}$$

$$p_г = p_2 = p_{0г} \times \left(\frac{V_{0г}}{V_{0г} - x \cdot (S_1 - S_3)}\right)^n$$

$$V_{0г} = 1.1 \cdot (S_1 - S_3) \cdot x_{\max}$$

活塞杆上的力通过以下公式计算

$$F_{\text{к}} = p_1 \cdot S_1 - p_3 \cdot S_3 + F_T$$

至此，双管液压减震器模型完成了。

5.4 单气室气液弹簧的数学模型

弹簧的计算简图如图5.4所示。

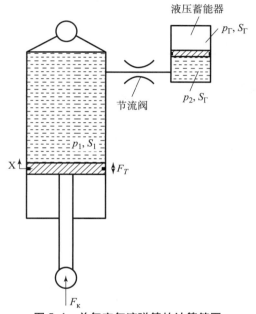

图 5.4 单气室气液弹簧的计算简图

p_Γ—气压；p_1—是活塞上方腔内的压力；p_2—液压蓄能液体腔内的压力；S_1—圆柱腔活塞面积；S_Γ—液压蓄能器气体腔的面积；F_T—干摩擦力；$F_\text{к}$—作用在活塞杆上的力

流动方程如下：

$$Q = S_1 \dot{x}$$

$$Q = \mu_{\text{др}} \cdot f_{\partial p} \cdot \text{sign}(p_1 - p_2) \cdot \sqrt{\frac{2 \cdot |p_1 - p_2|}{\rho}}$$

$$p_1 = p_2 + \text{sign}(\dot{x}) \left(\frac{S_1 \dot{x}}{\mu_{\partial p} f_{\partial p}}\right)^2 \cdot \frac{\rho}{2}$$

$$p_\Gamma = p_2 = p_{0\Gamma} \times \left(\frac{V_{0\Gamma}}{V_{0\Gamma} - x \cdot S_1}\right)^n$$

$$V_{0\Gamma} = 1.1 \cdot S_1 \cdot x_{\max}$$

$$p_{cm\Gamma} = \frac{P_{cmam}}{S_1}$$

$$p_{0\Gamma} = p_{cm\Gamma} \times \left(\frac{x_{cm}}{x_{\max}}\right)^n$$

其中：P_{cmam} 为作用于气液弹簧的静载荷；x_{cm}—悬架的静形变；$x_{\max}$—活塞最大行程。

活塞杆上的力通过以下公式计算

$$F_{\text{к}} = p_1 \cdot S_1 + F_T$$

至此，单体积气液弹簧模型建立了。

5.5 带有反压的双气室气液弹簧的数学模型

带有反压的双气室气液弹簧的计算简图如图 5.5 所示。

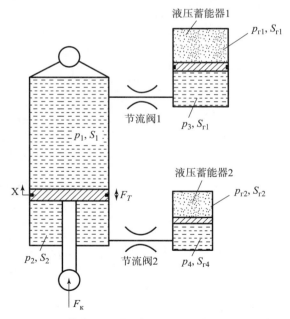

图 5.5 带有反压的双气室气液弹簧的计算简图

p_{r1}，p_{r2}—上部和下部蓄能器气体腔内的压力；p_1，p_2—弹簧活塞腔和连杆腔内的压力；p_3，p_4—上下蓄能器液体腔内的压力；S_{r1}，S_{r2}—蓄能器上下腔活塞面积；S_1，S_2—圆柱腔活塞和活塞杆腔截面积；F_T—干摩擦力；$F_{\text{к}}$—作用于活塞杆上的力

流量方程如下：

$$Q_1 = S_1 \dot{x}$$
$$Q_2 = S_2 \dot{x}$$

$$Q_1 = \mu_{\partial p} \cdot f_{\partial p1} \cdot \text{sign}(p_1 - p_3) \cdot \sqrt{\frac{2 \cdot |p_1 - p_3|}{\rho}}$$

$$p_1 = p_3 + \text{sign}(\dot{x}) \left(\frac{S_1 \dot{x}}{\mu_{\partial p} f_{\partial p1}}\right)^2 \cdot \frac{\rho}{2}$$

$$Q_2 = \mu_{\partial p} \cdot f_{\partial p2} \cdot \text{sign}(p_2 - p_4) \cdot \sqrt{\frac{2 \cdot |p_2 - p_4|}{\rho}}$$

$$p_2 = p_4 - \text{sign}(\dot{x}) \left(\frac{S_2 \dot{x}}{\mu_{\partial p} f_{\partial p2}}\right)^2 \cdot \frac{\rho}{2}$$

$$p_{\text{Г}1} = p_3 = p_{0\text{Г}1} \times \left(\frac{V_{0\text{Г}1}}{V_{0\text{Г}1} - x \cdot S_1}\right)^n$$

$$p_{\text{Г}2} = p_4 = p_{0\text{Г}2} \times \left(\frac{V_{0\text{Г}2}}{V_{0\text{Г}2} + x \cdot S_2}\right)^n$$

$$V_{0\text{Г}1} = 1.1 \cdot S_1 \cdot x_{\max}$$
$$V_{0\text{Г}2} = 1.1 \cdot S_2 \cdot x_{\max}$$

$$p_{\text{cmГ}1} = \frac{2P_{\text{cmam}}}{S_1}$$

$$p_{0\text{Г}1} \cdot S_1 - p_{0\text{Г}2} \cdot S_2 = P_{\text{cmam}}$$

$$p_{0\text{Г}1} = p_{\text{cmГ}1} \times \left(\frac{x_{\text{cm}}}{x_{\max}}\right)^n$$

$$p_{0\text{Г}2} = p_{\text{cmГ}2} \times \left(\frac{x_{\text{cm}}}{x_{\max}}\right)^n$$

杆上的力通过以下公式计算

$$F_{\text{к}} = p_1 \cdot S_1 - p_2 \cdot S_2 + F_T$$

至此，此模型完成。

5.6 橡胶空气弹簧的数学模型

基本假设：
（1）不考虑工作气体与环境的热交换；

(2) 橡胶腔轮廓的长度是恒定的。

橡胶空气弹簧的计算简图如图 5.6 所示。

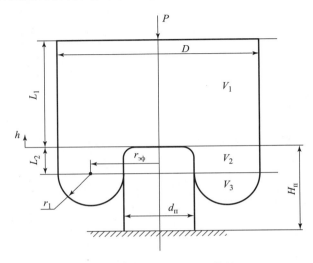

图 5.6 橡胶空气弹簧的计算简图

P—载荷；D—弹簧直径；V_1，V_2，V_3—分别是各个腔的体积；L_1，L_2—弹簧母线的长度；h—活塞行程；$r_{эф}$—有效半径；r_1—波纹半径；$d_п$—活塞直径；$H_п$—活塞的高度

我们将静止位置的压力规定为 $p_0 = 0.6 \text{ MPa}$，然后

$$p_0 = \frac{P_{cmam}}{\pi r_{эф}^2} + p_{am}$$

其中：P_{cmam} 为橡胶空气弹簧的静载荷；$r_{эф}$ 为有效半径；p_{am} 为大气压力。

那么

$$r_{эф}^2 = \sqrt{\frac{P_{cmam}}{\pi(p_0 - p_{am})}}$$

活塞直径 $d_п$ 与橡胶腔外直径 D 的比值是通过橡胶空气弹簧的耐久工作条件和迟滞损失确定的。

$$0.06 \leqslant (D - d_п) \leqslant 0.12$$

取 $D = d_п + 0.1 L_1$ 和 L_2 的长度需根据悬架的最大行程确定。

$$L_1 \geqslant 1.1 \cdot h_{cж}^{max},$$
$$L_2 \geqslant 1.1 \cdot h_{om}^{max}$$

其中：$h_{cж}^{max}$，h_{om}^{max} 为悬架的最大压缩和弹开行程。

活塞 $H_п$ 的高度和弹簧轮廓 L_{PKO} 的长度由下列关系确定

$$H_{\Pi} \geq 1.1 \cdot (h_{\text{сж}}^{\max} + h_{\text{om}}^{\max});$$
$$L_{\text{PKO}} \geq L_1 + L_2$$

从弹簧的几何轮廓可以得到下列关系：

$$\frac{D}{2} = r_{\text{эф}} + r_1;$$

$$2r_1 = \frac{D - d_{\Pi}}{2}$$

其中：r_1 是弹簧波纹的半径。

为了计算弹性元件弹力 P 和悬架行程 h 的关系，有必要写出的体积 V_1，V_2，V_3 和行程 h 之间的关系式。

$$p(h) \cdot V^n(h) = \text{const}; \quad n = 1.4$$

$$V(h) = V_1(h) + V_2(h) + V_3(h)$$

$$V_1(h) = \frac{\pi D^2}{4}(L_1 - h)$$

$$V_{01} = V_1[h = 0]$$

$$V_2(h) = \left(\frac{\pi D^2}{4} - \frac{\pi d_{\Pi}^2}{4}\right) \cdot (L_2 + h) = \frac{\pi}{4}(D^2 - d_{\Pi}^2)(L_2 + h)$$

$$V_{02} = V_2[h = 0]$$

$$V_3(h) = \pi^2 r_1^2 r_{\text{э}}$$

$$p(h) = p_0 \left(\frac{V_0(h=0)}{V(h)}\right)^{1.4}$$

$$P(h) = p(h) \cdot \pi \cdot r_{\text{э}}^2$$

至此，模型建立。

自我检测

1. 写出 4 轴轮式车辆竖直方向和角振动微分方程组。
2. 车辆沿非平路面运动时如何计算悬架的变形量？
3. 车辆沿非平路面运动时如何计算轮胎形变量？
4. 为什么需要确定车辆在平坦路面上时作用在悬架和轮胎上的静载荷？
5. 如何分析车轮和支撑表面分离时的特性？
6. 用什么单位评价驾驶员的振动负荷？
7. 减震器载荷特性（力和活塞杆位移的关系）和气液弹簧的该特性有什么区别？

6

车辆悬架气液弹簧数学模型的软件实现

6.1 单管液压减振器模型:准备及建模

我们在 MATLAB/SIMULINK 环境中对单管液压减震器数学模型进行开发。以下是模型的初始数据。

```
n=1.25;%多变指数
ro=1000;%工作液体密度,kg/m³
p0=5e5;%气体腔中的充气压力,Pa
mu=0.73;%流量系数
ddr=0.005;%节流孔通流直径,m
dcyl=0.08;%缸体直径,m
dsht=0.005;%活塞杆直径,m
h_p=0.4;%缸体中的活塞的最大行程,m
fdr=3.14*ddr*ddr/4;%节流阀通流面积
S1=3.14*dcyl*dcyl/4;%缸体活塞面积
S2=S1-3.14*dsht*dsht/4%;有效面积
v0=(S1-S2)*h_p*1.1;%气体腔的初始体积
omega=2*pi*0.5;%活塞运动的频率,rad/s
faza=-pi/2;%活塞简谐运动过程的相位,rad
```

程序框图如图 6.1 所示。

活塞在缸体中做简谐运动,该运动规律通过 Sine Wave 模块给定。(图 6.2)。

图 6.1　单管液压减振器模型程序框图

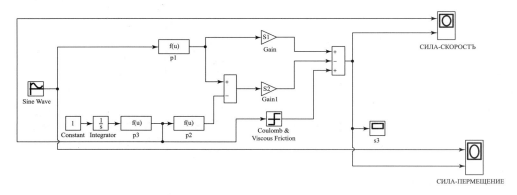

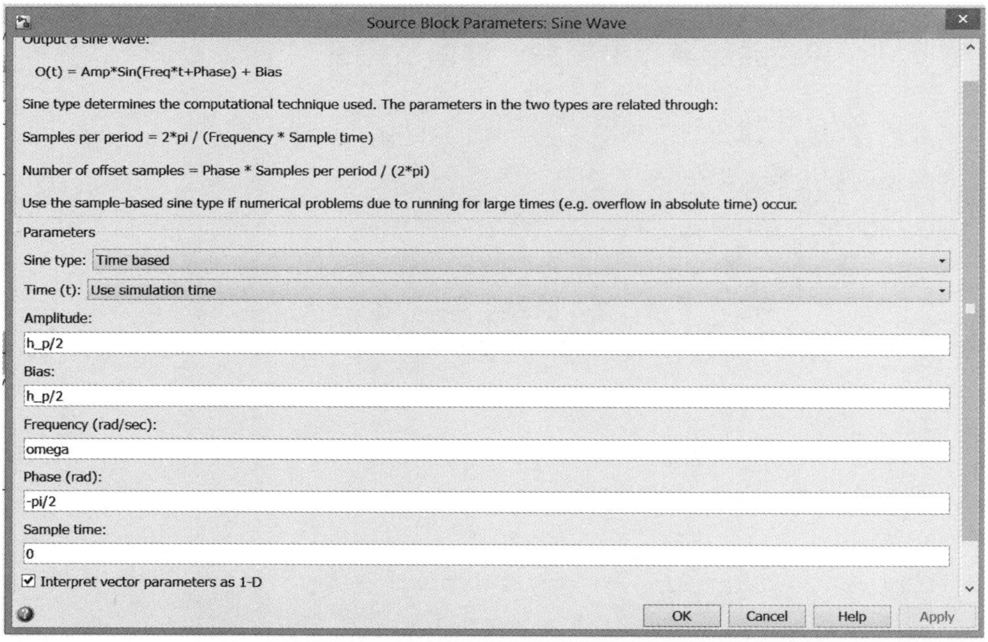

图 6.2　Sine Wave 模块配置方法

使用 Fcn 模块设定活塞杆的移动速度（图 6.3）。

Coulomb and Viscous Friction 模块的设置方法如图 6.4 所示：

图 6.5 中表示的是活塞杆上的外力与活塞位移及运动速度的关系。

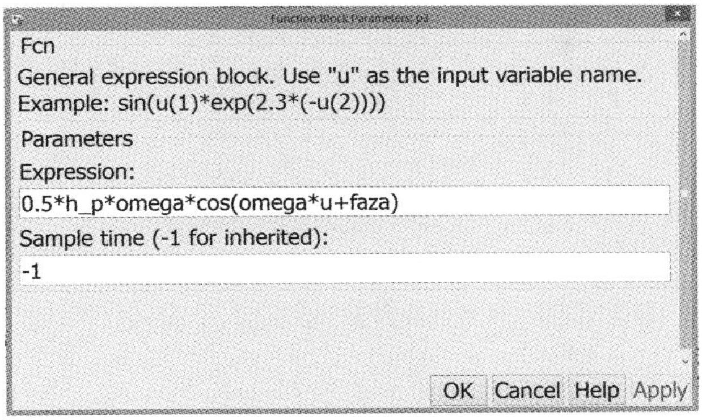

6 车辆悬架气液弹簧数学模型的软件实现　　■　57

图 6.3　Fcn 模块配置

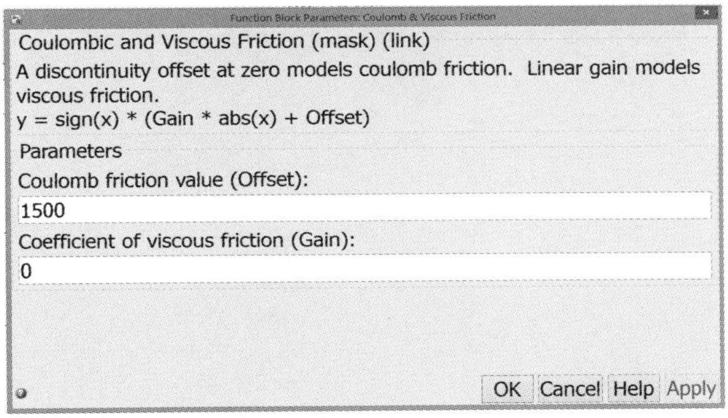

图 6.4　Coulomb and Viscous Friction 模块配置

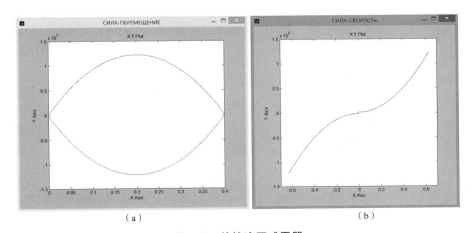

（a）　　　　　　　　　　　　　　　　　（b）

图 6.5　单筒液压减震器

（a）活塞杆上外力与活塞位移的关系；（b）外力与活塞运动速度的关系

6.2 将单筒减震器模型集成到轮式车辆悬挂系统模型中的步骤

为了将单筒减震器模型集成到轮式车辆悬架系统模型中,必须确保通过预先已知的方法(参见 [1])计算的悬架的阻尼特性,该特性与减震器特性一致。此外,必须首先计算减震器 [1] 的结构参数。以下是用于比较阻尼特性的源数据文件。

```
g=9.81;
h_p_max=0.4;%悬架最大形变,m
%悬架阻尼特性
ht_p=[-1 0 1 2];%悬架的形变速度,m/s
P_p_d=[-40000 0 40000 1.1*40000];%悬架的阻尼力,N
%减震器特性
n=1.25;%多变指数
ro=1000;%工作液体密度,kg/m³
p0=5e5;%气体腔中的充气压力,Pa
mu=0.73;%流量系数
ddr=0.007;%节流孔通流直径,m
dcyl=0.08;%缸体直径,m
dsht=0.005;%活塞杆直径,m
h_p_max=0.4;%缸体中的活塞最大行程,m
fdr=3.14*ddr*ddr/4;%节流阀通流面积
S1=3.14*dcyl*dcyl/4;%缸体活塞面积
S2=S1-3.14*dsht*dsht/4%有效面积
v0=(S1-S2)*h_p_max*1.1;%气体腔的初始体积
omega=2*pi*0.5;%活塞运动的频率,rad/s
faza=-pi/2;%活塞简谐运动过程的相位,rad
```

用于比较由指定特性计算出的阻尼力和减震器产生的力的程序框图详见图 6.6。

通过改变减震器节流孔的直径大小,可以实现作用力图像的重合(图 6.7)。

6 车辆悬架气液弹簧数学模型的软件实现 ■ 59

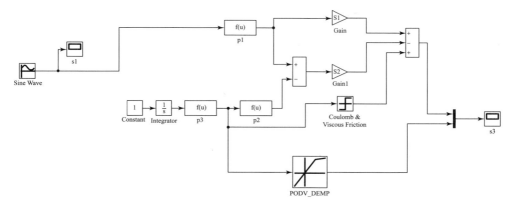

图 6.6 用于比较由指定特性计算出的阻尼力和减震器产生的力的程序框图

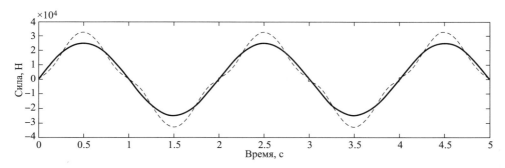

图 6.7 由指定特性计算出的阻尼力和减震器产生的力
实线—来自阻尼特性；虚线—减震器产生的力

现在可以将单筒减震器模型嵌入具有独立悬架的双轴轮式车辆悬架系统中。源文件如下所示。

```
g=9.81;
v=20/3.6;%行驶速度,m/s
M=6000;%车辆的簧载质量,kg
J_prod=13625;%相对于纵轴的转动惯量,kg·m²
J_pop=6000;%相对于横轴的转动惯量,kg·m²
m_k=60;%车辆质量,kg
rk=0.6;%轮的自由半径,m
h_p_max=0.4;%悬架最大形变,m
h_sh_max=0.06;%轮胎的最大形变,m
```

```
B = 2.5;%轮距,m
H_cm = rk - h_sh_max/2 + h_p_max/2;%质心高度,m
l1 = 1.5;%前轴相对于车辆质心的纵向坐标,m
l2 = -2.5;%后轴相对于车辆质心的纵向坐标,m
L = l1 - l2;%轴距,m
x_dr = 0.8*l1;%驾驶员座椅相对于车体质心纵向坐标,m
y_dr = 0.9*B/2;%驾驶员座椅相对于车体质心的横向坐标,m
Rp2 = 0.5*M*g*l1/(l1 - l2);%后轴车轮悬架上的静载荷,N
Rp1 = 0.5*M*g - Rp2;%前轴车轮悬架上的静载荷,N
Rk1 = Rp1 + m_k*g;%前轴车轮上的静载荷,N
Rk2 = Rp2 + m_k*g;%后轴车轮上的静载荷,N
%悬架特性
h_p = [-0.5 0 h_p_max/2 h_p_max 1.2*h_p_max];%悬架形变,m
P_p_1 = [-10*Rp1 0 Rp1 2.5*Rp1 10*Rp1];%前轴悬架的弹性力,N
P_p_2 = [-10*Rp2 0 Rp2 2.5*Rp2 10*Rp2];%后轴悬架的弹性力,N
ht_p = [-1 0 1 2];%悬架的形变速度,m/s
P_p_d = [-40000 0 40000 1.1*40000];%悬架的阻尼力,N
%轮胎性能
c_sh = 1e6;%轮胎刚度,N/m
h_k = [-0.5 0 h_sh_max/2 h_sh_max 1.2*h_sh_max];%轮胎形变,m
P_k_1 = [0 0 Rk1 Rk1 + c_sh*h_sh_max/2 1000000];%前轴轮胎的弹性力,N
P_k_2 = [0 0 Rk2 Rk2 + c_sh*h_sh_max/2 1000000];%后轴轮胎的弹性力,N
ht_k = [0 1];%轮胎形变速度,m/s
P_k_d = [0 15000];%轮胎阻尼力,N
%减震器特性
n = 1.25;%多变指数
ro = 1000;%工作液体密度,kg/m³
p0_z = 5e5;%气体腔中的充气压力,Pa
mu = 0.73;%流量系数
ddr = 0.007;%节流孔通流直径,m
dcyl = 0.08;%缸体直径,m
dsht = 0.005;%活塞杆直径,m
```

```
h_p_max=0.4;%缸体中的活塞最大行程,m
fdr=3.14*ddr*ddr/4;%节流阀通流面积
S1=3.14*dcyl*dcyl/4;%缸体活塞面积
S2=S1-3.14*dsht*dsht/4%;有效面积
v0_z=(S1-S2)*h_p_max*1.1;%当活塞最低位置时,气体腔的初始体积
v0=v0_z;%气体腔的初始体积
p0=p0_z;%气体腔中的气体初始压力 Pa
%导入路面不平度
load grunt3;
```

适用于双轴轮式车轮的改进型 Podveska 模块包括独立的悬架系统和单筒减震器,如图 6.8 所示。

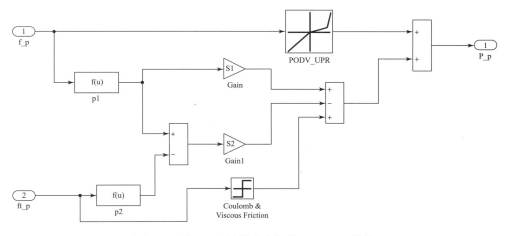

图 6.8　适用于双轴轮式车辆的 Podveska 模块

为了确保减震器模型正常工作,必须设定与液压缸中活塞的最低位置相对应的初始条件。在这种情况下,气体腔中的气体压力和充气压力一致,初始体积为总体积。为此,有必要"升高"车辆车身的位置,设置积分器 Z_c 的初始条件(图 4.1),使之等于车身质心的高度加上悬架的静形变量:$H\_cm + h\_p\_max/2$。

6.3　双筒液压减振器模型:准备及建模

现在我们将在 MATLAB/SIMILINK 环境中完成双筒减震器数学模型的开发。以下是模型的初始数据。

```
h_p_max = 0.4;%缸体中的活塞的最大行程,m
dcyl = 0.08;%缸体直径,m
dsh = 0.005;%活塞杆直径,m
ddr1 = 0.004;%活塞节流孔的直径,m
ddr2 = 0.005;%缸体底部节流孔的直径,m
S1 = pi*dcyl*dcyl/4;%缸体活塞腔的面积,m²
S2 = pi*dsh*dsh/4;%活塞杆截面积,m²
S3 = S1 - pi*dsh*dsh/4;%有效面积,m²
fdr1 = pi*ddr1*ddr1/4;%活塞节流孔通流面积,m²
fdr2 = pi*ddr2*ddr2/4;%缸体底部节流孔通流面积,m²
V0 = 1.1*S2*h_p_max;%气体腔的初始体积,m³
p0 = 1e5;%气体腔中的充气压力,Pa
n = 1.25;%多变指数
mu = 0.73;%流量系数
ro = 1000;%工作液体密度,kg/m³
omega = 2*pi*0.5;%活塞运动的频率,rad/s
faza = -pi/2;%活塞简谐运动过程的相位,rad
```

程序框图如图 6.9 所示。

在图 6.10 中描述了活塞杆上作用力与活塞杆位移及位移速度的关系。

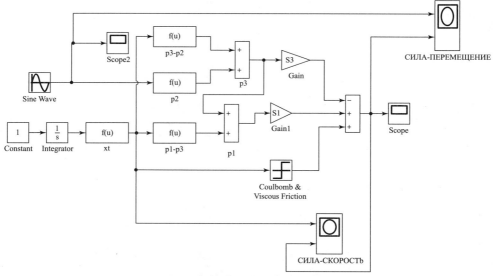

图 6.9 双管液压减震器的程序框图

将双筒减震器模型集成到轮式车辆悬架系统模型中的过程与先前把单筒减震器进行集成的方法类似。

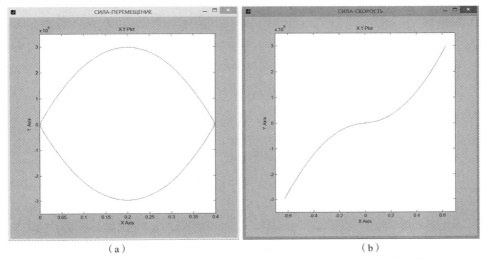

图 6.10 双管液压减震器活塞杆上作用力与活塞杆位移、位移速度的关系
(a) 作用力与活塞杆位移的关系；(b) 作用力与位移速度的关系

6.4 单腔气液弹簧的模型：准备及建模

我们将在 MATLAB/SIMULINK 环境中建立单腔气液弹簧的数学模型，以下是模型的初始数据。

g = 9.81;
P_st = 10,000;%弹簧上的静载荷,N
n = 1.25;%多变指数
ro = 1000;%工作液体密度,kg/m^3
mu = 0.73;%流量系数
ddr = 0.008;%节流孔通流直径,m
dcyl = 0.14;%缸体直径,m
h_p = 0.4;%缸体中的活塞的最大行程,m
h_st = h_p/2;%静态悬架形变,m
fdr = 3.14*ddr*ddr/4;%节流阀通流面积
S1 = 3.14*dcyl*dcyl/4;%缸体活塞面积
pst = P_st/S1;%处于静止位置时,气体腔中的压力,Pa

```
v0 = S1*h_p*1.1;%气体腔的初始体积
vst = v0/2;%处于静止位置时气体腔中的体积
p0 = pst*((vst/(vst+h_st*S1))^n);%气体腔中的初始压力,Pa
omega = 2*pi*0.5;%活塞运动的频率,rad/s
faza = -pi/2;%活塞简谐运动过程的相位,rad
```

程序框图如图 6.11 所示。

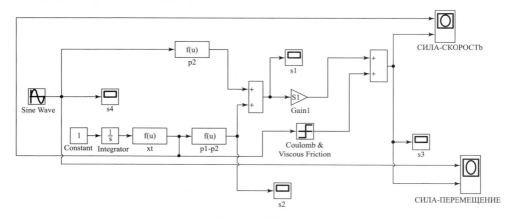

图 6.11　单腔气液弹簧模型程序框图

在图 6.12 中描述了活塞杆上作用力与活塞杆位移及位移速度的关系。

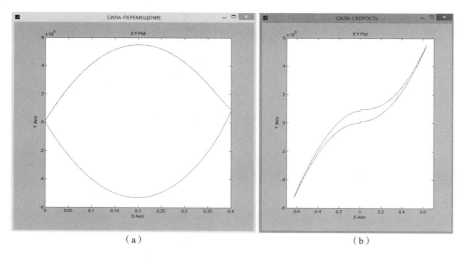

(a)　　　　　　　　　　　　　　(b)

图 6.12　单腔气液弹簧活塞杆上作用力与活塞杆位移、位移速度的关系
(a) 作用力与活塞杆位移的关系；(b) 作用力与位移速度的关系

6.5 将单腔气液弹簧模型集成到轮式车辆悬挂系统模型中的步骤

以下是用于比较弹性和阻尼特性的源数据文件。

g=9.81;
M=6000;%车辆的簧载质量,kg
h_p_max=0.4;%悬架最大形变,m
h_st=h_p_max/2;%静态悬架形变,m
h_sh_max=0.06;%轮胎的最大形变,m
B=2.5;%轮距,m
l1=1.5;%前轴相对于车辆质心的纵向坐标,m
l2=-2.5;%后轴相对于车辆质心的纵向坐标,m
Rp2=0.5*M*g*l1/(l1-l2);%后轴车轮悬架上的静载荷,N
Rp1=0.5*M*g-Rp2;%前轴车轮悬架上的静载荷,N

%悬架特性
h_p=[-0.5 0 h_p_max/2 h_p_max 1.2*h_p_max];%悬架形变,m
P_p_1=[-10*Rp1 0 Rp1 2.5*Rp1 10*Rp1];%前轴悬架的弹性力,N
P_p_2=[-10*Rp2 0 Rp2 2.5*Rp2 10*Rp2];%后轴悬架的弹性力,N
ht_p=[-1 0 1 2];%悬架的形变速度,m/s
P_p_d=[-40000 0 40000 1.1*40000];%悬架的阻尼力,N

%气液弹簧的特征
P_st=Rp1;%弹簧上的静载荷,N
n=1.25;%多变指数
ro=1000;%工作液体密度,kg/m^3
mu=0.73;%流量系数
ddr=0.015;%节流孔通流直径,m
dcyl=0.1;%缸体直径,m
fdr=3.14*ddr*ddr/4;%节流阀通流面积
S1=3.14*dcyl*dcyl/4;%缸体活塞面积
pst=P_st/S1;%处于静止位置时,气体腔中的压力,Pa
v0=S1*h_p_max*1.1;%气体腔的初始体积

```
vst = v0 * h_st/h_p_max;%处于静止位置时的气体体积
p0 = pst * ((vst/(vst + h_st*S1))^n);%气体腔中的初始压力,Pa
omega = 2*pi*0.5;%活塞运动的频率,rad/s
faza = -pi/2;%活塞简谐运动过程的相位,rad
```

用于比较由指定特性计算出的弹性阻尼力和气液弹簧产生的力的程序框图详见图 6.13。

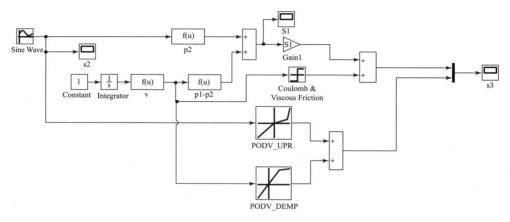

图 6.13 用于比较由指定特性计算出的弹性阻尼力和气液弹性产生的力的程序框图

通过改变弹簧结构参数值,可以实现作用力图像的重合,正如先前对单筒减震器所做的那样。

现在,将单腔气液弹簧的模型集成到具有独立悬架的双轴轮式车辆的悬架系统中。源文件如下所示。

```
g = 9.81;
v = 20/3.6;%行驶速度,m/s
M = 6000;%车辆的簧载质量,kg
J_prod = 13625;%相对于纵轴的转动惯量,kg·m²
J_pop = 6000;%相对于横轴的转动惯量,kg·m²
m_k = 60;%车辆质量,kg
rk = 0.6;%轮的自由半径,m
h_p_max = 0.4;%悬架最大形变,m
h_st = h_p_max/2;%静态悬架形变,m
h_sh_max = 0.06;%轮胎的最大形变,m
B = 2.5;%轮距,m
```

6 车辆悬架气液弹簧数学模型的软件实现

```
H_cm = rk - h_sh_max/2 + h_st;%质心高度,m
l1 = 1.5;%前轴相对于车辆质心的纵向坐标,m
l2 = -2.5;%后轴相对于车辆质心的纵向坐标,m
L = l1 - l2;%轴距,m
x_dr = 0.8*l1;%驾驶员座椅相对于车体质心纵向坐标,m
y_dr = 0.9*B/2;%驾驶员座椅相对于车体质心的横向坐标,m
Rp2 = 0.5*M*g*l1/(l1 - l2);%后轴车轮悬架上的静载荷,N
Rp1 = 0.5*M*g - Rp2;%前轴车轮悬架上的静载荷,N
Rk1 = Rp1 + m_k*g;%前轴车轮上的静载荷,N
Rk2 = Rp2 + m_k*g;%后轴车轮上的静载荷,N
c_lim = 1e6;%悬架行程限制器的刚度,N/m

%轮胎性能
c_sh = 1e6;%轮胎刚度,N/m
h_k = [-0.5 0 h_sh_max/2 h_sh_max 1.2*h_sh_max];%轮胎形变,m
P_k_1 = [0 0 Rk1 Rk1 + c_sh*h_sh_max/2 1000000];%前轴轮胎的弹性力,N
P_k_2 = [0 0 Rk2 Rk2 + c_sh*h_sh_max/2 1000000];%后轴轮胎的弹性力,N
ht_k = [0 1];%轮胎形变速度,m/s
P_k_d = [0 15000];%轮胎阻尼力,N

%第一轴的气液弹簧的特征
P_st1 = Rp1;%弹簧上的静载荷,N
n = 1.25;%多变指数
ro = 1000;%工作液体密度,kg/m³
mu = 0.73;%流量系数
ddr = 0.03;%节流孔通流直径,m
dcyl = 0.2;%缸体直径,m
fdr = 3.14*ddr*ddr/4;%节流阀通流面积
S1 = 3.14*dcyl*dcyl/4;%缸体活塞面积
pst1 = P_st1/S1;%处于静止位置时的气体腔中的压力,Pa
v01 = S1*h_p_max*1.1;%气体腔的初始体积
vst1 = v01*h_st/h_p_max;%处于静止位置时的气体体积
p01 = pst1 * ((vst1/(vst1 + h_st*S1))^n);%气体腔中的初始压力,Pa
```

```
%第二轴的气液弹簧特征
P_st2 = Rp2;%弹簧上的静载荷,N
pst2 = P_st2/S1;%处于静止位置时的气体腔中的压力,Pa
v02 = S1*h_p_max*1.1;%气体腔的初始体积
vst2 = v02*h_st/h_p_max;%处于静止位置时的气体体积
p02 = pst2*((vst2/(vst2+h_st*S1))^n);%气体腔中的初始压力
%导入路面不平度
load grunt3;
```

适用于双轴轮式车轮的 **Podveska** 模块包含单腔气液弹簧和非独立悬架系统，如图 6.14 所示。积分器 Z_c 初始条件设定（图 4.1）与单筒液压减震器的设定方法一致。

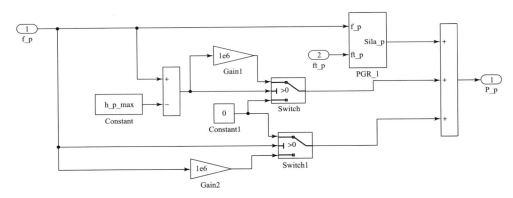

图 6.14　适用于双轴轮式车轮的 **Podveska** 模块

6.6　带有反压的气液弹簧的模型：准备及建模

我们将在 MATLAB/SIMULINK 环境中建立带有反压的气液弹簧的数学模型，以下是模型的初始数据。

```
P_st = 30000;%弹簧上的静载荷,N
h_p = 0.4;%缸体中的活塞的最大行程,m
h_st = h_p/2;%静态悬架形变,m
dcyl = 0.14;%缸体直径,m
dsh = 0.06;%活塞杆直径,m
```

```
ddr1 =0.01;%上节流阀节流孔通流直径,m
ddr2 =0.006;%下节流阀节流孔通流直径,m
S1 =pi*dcyl*dcyl/4;%缸体活塞腔的面积
S2 =S1 - (pi*dsh*dsh/4);%有效面积
fdr1 =pi*ddr1*ddr1/4;%上节流阀节流孔通流面积
fdr2 =pi*ddr2*ddr2/4;%下节流阀节流孔通流面积
V01 =1.2*S1*h_p;%上蓄能气体腔初始体积
V02 =1.2*S2*h_p;%下蓄能气体腔初始体积
p01st =2*P_st/S1;%在静止位置时,上蓄能气腔中的压力,Pa
p02st =P_st/S2;%在静止位置时,下蓄能气腔中的压力,Pa
n =1.25;%多变指数
p01 =p01st*(((((h_st/h_p)*V01/((h_st/h_p)*V01 +h_st*S1))
^n);%上蓄能气腔中的初始压力,Pa
p02 =p02st*(((((h_st/h_p)*V02/((h_st/h_p)*V02 -h_st*S2))
^n);%下蓄能气腔中的初始压力,Pa
ro =1000;%工作液体密度,kg/m³
mu =0.73;%流量系数
omega =2*pi*0.5;%活塞运动的频率,rad/s
faza = -pi/2;%活塞简谐运动过程的相位,rad
```

程序框图如图 6.15 所示。

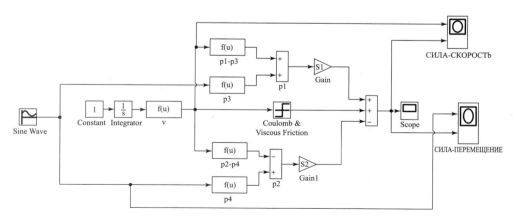

图 6.15 带有反压的气液弹簧的模型程序框图

在图 6.16 中描述了活塞杆上作用力与活塞位移及位移速度的关系。

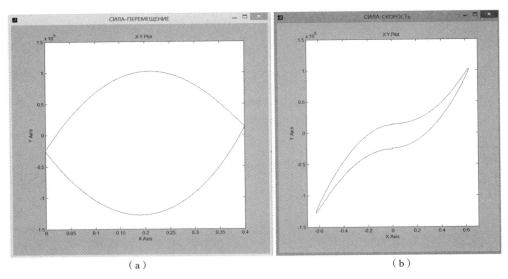

（a） （b）

图 6.16 带有反压的气液弹簧的活塞杆上作用力与活塞位移及位移速度的关系
(a) 作用力与活塞杆位移的关系；(b) 作用力与位移速度的关系

将带有反压的气液弹簧的模型集成到车辆悬架系统中的步骤和前述集成单腔气液弹簧的方法类似。

6.7 橡胶空气弹簧的模型：准备及建模

我们将在 MATLAB/SIMULINK 环境中开发橡胶空气弹簧模型，以下是模拟的初始数据。

```
n=1.4;%绝热指数
h_p=0.3;%悬架行程
P_st=23000;%空气弹簧上的静载荷,N
D=0.25;%空气弹簧的外直径,m
r1=D/10;%空气弹簧波纹的半径,m
r_ef=D/2-r1;%有效半径,m
F_ef=pi*r_ef*r_ef;%空气弹簧的有效面积,m²
p0=P_st/F_ef;%空气弹簧静止位置的压力,Pa
dp=D-4*r1;%活塞直径,m
```

L1=1.1*h_p/2;%长度 L1,m
L2=1.1*h_p/2;%长度 L2,m
V3=pi*pi*r1*r1*r_ef;%体积 V3,m³
V01=pi*D*D*L1/4;%初始体积 V1,m³
V02=pi*(D*D-dp*dp)*L2/4;%初始体积 V2,m³
V0=V01+V02+V3;%初始总体积,m³
omega=2*pi*0.5;%活塞运动的频率,rad/s
faza=0;%活塞简谐运动的相位,rad
```

程序框图如图 6.17 所示。

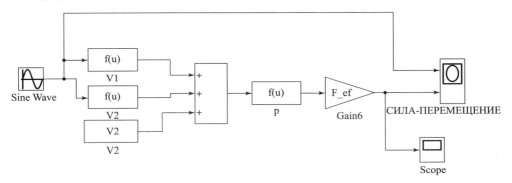

**图 6.17　橡胶空气弹簧模型的程序框图**

橡胶空气弹簧活塞做简谐运动,运动规律通过 Sine Wave 模块设定（图 6.18）。

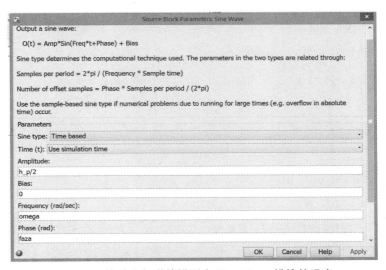

**图 6.18　橡胶空气弹簧模型中 Sine Wave 模块的设定**
```

橡胶空气弹簧的体积和压力计算通过 Fcn 模块完成（图 6.19，图 6.20）。在图 6.21 中描述了橡胶空气弹簧产生的作用力与活塞位移的关系。

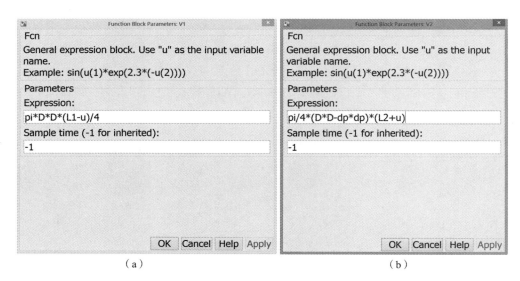

图 6.19　用于计算橡胶空气弹簧的体积 V_1（a）和 V_2（b）的 Fcn 模块设置

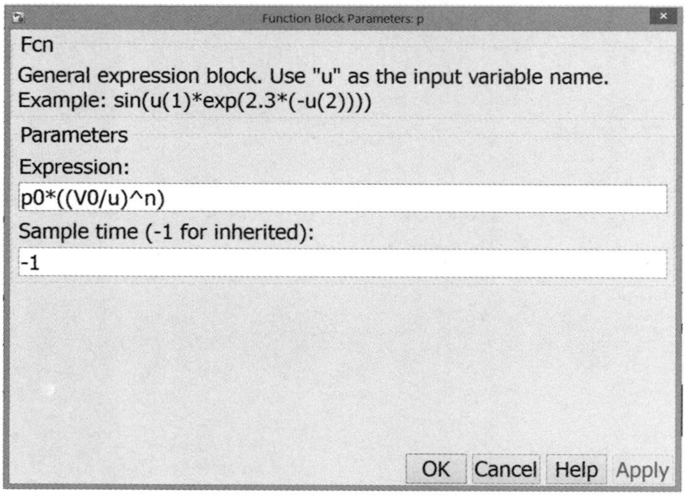

图 6.20　用于计算橡胶空气弹簧压力的 Fcn 模块设置

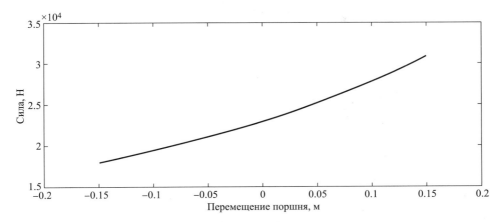

图 6.21　橡胶空气弹簧产生的作用力与活塞位移的关系

6.8　将橡胶空气弹簧模型集成到轮式车辆悬挂系统模型中的步骤

我们将橡胶空气弹簧模型集成到双轴轮式车辆悬挂系统模型的后桥悬架系统中，源文件如下所示。

g＝9.81；
v＝20/3.6；
N_k＝4；
M＝18,600；%弹簧部件的质量
m_m＝150；%桥质量
rk＝0.6；%轮的自由半径,m
h_p_max＝0.4；%最大悬架行程
h_sh_max＝0.08；%最大轮胎形变
B＝2.034；%轮距
B1＝0.8＊B；%弹簧间距
l1＝2.226；
l2＝－1.374；
L＝l1－l2；%轴距
H_cm＝rk－h_sh_max/2＋h_p_max/2；%质心高度,m
x_dr＝0.8＊l1；%驾驶员座椅相对于车体质心纵向坐标,m

y_dr=0.9*B/2;%驾驶员座椅相对于车体质心横向坐标,m

%转动惯量
J_prod=56892;
J_pop=19238;
J_m=190;%桥的转动惯量

%确定轴上的静载荷
A=[1 1;0 L];%矩阵 A.
b=[M*g;M*g*l1];%矩阵 b
R=A\b;
Rp1=R(1)/2;%前轴车轮悬架的静载荷,N
Rp2=R(2)/2;%后轴车轮悬架的静载荷,N
Rk1=Rp1+m_m*g/2;%前轴车轮上的静载荷,N
Rk2=Rp2+m_m*g/2;%后轴车轮上的静载荷,N

%前悬架的特性
h_p=[-0.5 0 h_p_max/2 h_p_max 1.2*h_p_max];%悬架形变,m
P_p_1=[-10*Rp1 0 Rp1 2.5* Rp1 10*Rp1];%前轴悬架的弹性力,N

%悬架的阻尼特性
ht_p=[-1 0 1 2];%悬架的形变速度,m/s
P_p_d=[-40000 0 40000 1.1*40000];%悬架的阻尼力,N

%后悬架的橡胶空气弹簧特性
n=1.4;%绝热指数
P_st=Rp2;%空气弹簧的静载荷,N
D=0.25;%空气弹簧的外直径,m
r1=D/10;%空气弹簧波纹的半径,m
r_ef=D/2-r1;%有效半径,m
F_ef=pi*r_ef*r_ef;%空气弹簧的有效面积,m^2
p0=P_st/F_ef;%静止位置时,空气弹簧的压力,Pa
dp=D-4*r1;%活塞直径,m
L1=1.1*h_p_max/2;%长度 L1,m
L2=1.1*h_p_max/2;%长度 L2,m
V3=pi*pi*r1*r1*r_ef;%体积 V3,m^3

```
V01 = pi*D*D*L1/4;%初始体积 V1,m³
V02 = pi*(D*D-dp*dp)*L2/4;%初始体积 V2,m³
V0 = V01+V02+V3;%初始总体积,m³

%轮胎性能
h_k = [-0.5 0 h_sh_max/2 h_sh_max 1.2*h_sh_max];%轮胎形变,m
P_k_1 = [0 0 Rk1 3*Rk1 1000000];%前轴轮胎的弹性力,N
P_k_2 = [0 0 Rk2 3*Rk2 1000000];%后轴轮胎的弹性力,N
ht_k = [0 1];%轮胎形变速度,m/s
P_k_d = [0 15000];%轮胎阻尼力,N

%导入路面不平度
load grunt3;
```

带有橡胶弹簧的后桥悬架系统的程序,如图 6.22 所示。

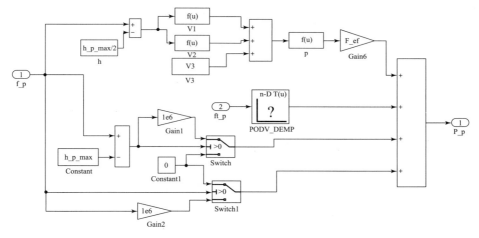

图 6.22 二轴轮式车辆后桥悬架系统的 Podveska 模块(带有橡胶空气弹簧)

自我检测

1. 减震器载荷特性(作用力和活塞杆位移的关系)和气液弹簧的载荷特性有何区别?

2. 将气液弹簧集成到车辆悬架系统中的步骤是什么?

3. 在使用气液弹簧时,如何在模型中加入悬架的行程限位器?

4. 如何设定气液弹簧、橡胶空气弹簧的弹性特性?

模块二　轮式车辆沿不可变形表面做曲线运动过程的建模仿真

为了研究轮式车辆的动力性、制动特性、稳定性、机动性和可操纵性，有必要建立车辆曲线运动的数学模型，并且在模型中集成传动系统，方向控制和制动系统。

因此，"车辆系统建模"第二个模块致力于开发轮式车辆工作流程的数学模型，沿不可变形的支承表面做曲线运动的模型，弹性轮胎和不变形支撑面之间的相互作用模型，以及变速器、转向和制动系统模型，并将这些系统集成到车辆运动模型中。

关键词：曲线运动；不可变形的支撑面；弹性轮胎模型；机械传动模型；转向模型。

预计的学习成果

模块二的学习任务

学习模块"轮式车辆沿不可变形表面曲线运动过程的建模仿真"后您可以：
（1）对轮式车辆曲线运动进行数学建模；
（2）对各种结构方案的传动系统进行仿真；
（3）对车辆的全轮转向进行仿真；
（4）对汽车制动系统进行仿真；

(5) 研究轮式车辆的机动性，操纵性，稳定性，牵引特性和制动性能。

模块二的学习安排：

第 1 周：包括轮式车辆的曲线运动数学模型；建模过程及其基本假设；车辆动力学方程；建模使用的坐标系系统；车体运动方程；运动学参数和平动方程。

第 2 周：定义微动和固定坐标系的相对方向；确定运动学参数及转动方程；确定车辆行驶过程中的力和力矩。

第 3 周：学习弹性轮胎与不可变形支撑面相互作用的数学模型；对车辆的行驶阻力系数和车轮与支撑面的相互作用系数建模。

第 4 周：学习车辆摩擦离合器的数学模型及自动换挡算法。

第 5 周：学习轮式车辆传动系统建模，包括适用于多驱动轴布置的差速驱动，闭锁驱动数学模型。

第 6 周：学习车辆转向的数学模型及轮式车辆制动系统的数学模型。

第 7 周：检测与评价，完成书面作业。

自学任务

（1）对轮式内燃机车辆进行文献检索分析。

（2）为找到的内燃机建立特征数据库。

7 轮式车辆曲线运动的数学模型

7.1 数学模型要求和基本假设

一系列不同的任务决定了对车辆动力学模型的要求。在求解模型的时候，应当获得用于评价车辆使用特性的必要信息，特别是：

（1）模型应当精确描述车辆的车体动力学，动力机构，行动机构，以便于评估沿不可变形路面行驶时的稳定性；

（2）模型应当考虑行动机构的结构特性，单向约束特性。

（3）在对车辆运动过程进行建模仿真时，应当考虑路面的阻力和附着特性，车辆的牵引附着特性等影响车辆运动速度的因素。

在推导轮式车辆曲线运动微分方程组的时候，必须要采用一些假设。一方面，假设应确保数学模型满足相关要求，另一方面，只使用最必须的参数参与建模。根据模型的相关要求，我们采用以下假设：

（1）车辆弹性元件的质量划入车辆的承载系统；

（2）动力机构和传动系统的旋转质量划入驱动轮；

（3）假设支撑面是不可变形的（地面必要的法向柔性可以转化为车辆轮胎特性，而法向柔性可以通过附着特性进行计算）。

7.2 轮式车辆运动的一般方程

我们将车辆在空间中的运动视为刚体运动。通过车辆运动的微分方程组来构建车辆运动学参数和外部扰动之间的关系。

车辆运动方程组包含：

（1）车辆运动的动力学方程，是在动量守恒定律和动量矩守恒定律的基础上得到的；

（2）基于不同坐标系之间的变换方程，建立空间坐标下的角速度和线速度的运动学方程。

在建模过程中使用的坐标系

在建模过程中，使用了三种不同的坐标系（图 7.1），这是根据物体运动方程的形式和结构确定的。

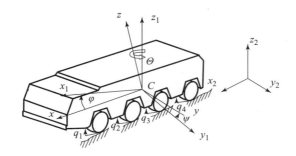

图 7.1 车辆在空间中的位置

C—车辆的质心；φ，ψ，Θ—角度，分别沿纵倾，侧倾，竖直方向；

q_i—路面的垂直坐标

第一个是固定坐标系（HCK）$O_2 X_2 Y_2 Z_2$，用于模拟指定的路面运动条件。坐标系的原点（点 O_2）与仿真路径的起点重合。

第二个牵连坐标系 $O_1 X_1 Y_1 Z_1$ 的特征在于其原点 O_1 总是与车辆的质心重合并且在空间中随其移动。轴 $O_1 X_1$，$O_1 Y_1$，$O_1 Z_1$ 与固定坐标系的对应轴相平行。

第三个是移动坐标系 $OXYZ$ 是用来对车辆运动进行数学描述的，即移动坐标系（ПСК），其原点 O 总是与车辆质心 C 重合，坐标轴与车辆的主惯性矩轴重合。

车辆动力学方程在牵连坐标系（$OXYZ$）中进行描述，运动参数以牵连坐标系中线速度（V_x，V_y，V_z）和角速度（ω_x，ω_y，ω_z）的投影来表示。

之所以使用牵连坐标系来描述车辆的动力学方程，是由以下因素决定的：

（1）首先我们认为，原点位于车辆质心的移动坐标系坐标轴是车体的主惯性轴，而且相对于各轴的转动惯量与运动学参数无关。

（2）作用在车辆上的主要外力指向车体，在牵连坐标系（$OXYZ$）中表示这些外力最简单。

综上所述，在移动坐标系（$OXYZ$）中建立动力学方程，可以在完整反映运动物体和外界相互作用的前提下，简化求解过程。

为了确定从地面作用在车辆上的力，我们将引入一个微动坐标系（МПСК），定义为 $O_T X_T Y_T Z_T$，其原点 O_T 与车轮接触面的几何中心重合，$O_T X_T$ 与车轮纵向对称面在支撑面上的投影重合，$O_T Y_T$ 与车轮轴线在支撑面上的投影重合（图7.2）。

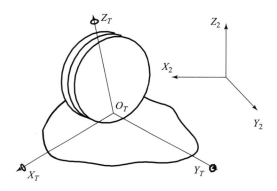

图 7.2　微动坐标系

车体的运动方程

车辆的受力简图如图7.3所示。可以通过动量守恒定律获得三个车辆的平动方程。

我们将向量表达式投影在坐标系 $OXYZ$ 中，得到方程组：

$$\begin{cases} m\dfrac{dV_{Cx}}{dt} + m(\omega_y V_{Cz} - \omega_z V_{Cy}) = \sum_k F_k^x \\ m\dfrac{dV_{Cy}}{dt} + m(\omega_z V_{Cx} - \omega_x V_{Cz}) = \sum_k F_k^y \\ m\dfrac{dV_{Cz}}{dt} + m(\omega_x V_{Cy} - \omega_y V_{Cx}) = \sum_k F_k^z \end{cases}$$

其中：m 表示车辆的质量；F_k^x，F_k^y，F_k^z 为作用于车辆上的力。

基于角动量定理，可以得到车体围绕质心的转动动力学方程。可以使用向量将其写作与波尔公式相对应的形式：

$$\frac{\tilde{d}\bar{K}_O}{dt} + \bar{\omega} \times \bar{K}_O = \bar{L}_O^{(e)}$$

其中：$\bar{K}_O = \mathbf{J}\bar{\omega}$ 为主角动量；$\dfrac{\tilde{d}\bar{K}_O}{dt}$ 是刚体相对于质心 C 主角动量相对于时间的局部导数；$\bar{L}_O^{(e)} = \sum_{k=1}^{N} \bar{r}_k \times \bar{F}_k^{(e)}$ 表示相对同一中心时，作用在刚体上的主外力矩。

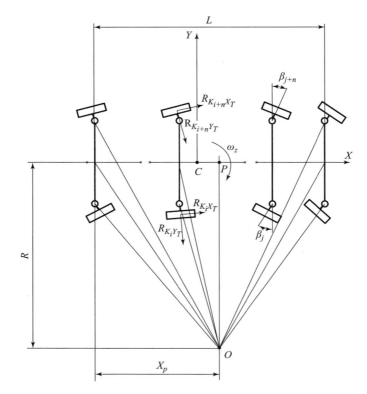

图 7.3 车辆的受力简图

L—轴距；β_j，β_{j+n}—第 j 和 $(j+n)$ 轮的转角；C—车辆的质心；P—转向中心；ω_z—转向角速度；$R_{K_iX_T}$，$R_{K_{i+n}X_T}$，$R_{K_iY_T}$，$R_{K_{i+n}Y_T}$—在接触区域内微动坐标系中的反作用力；R_n—转向半径；X_P—转向中心相对于后轴的偏移距离

我们将波尔公式展开：

$$\frac{\mathrm{d}\widetilde{\overline{K}}_O}{\mathrm{d}t} = \frac{\mathrm{d}K_X}{\mathrm{d}t}\overline{I} + \frac{\mathrm{d}K_Y}{\mathrm{d}t}\overline{J} + \frac{\mathrm{d}K_Z}{\mathrm{d}t}\overline{K} = \overline{I}\left(J_X\frac{\mathrm{d}\omega_x}{\mathrm{d}t} - J_{XY}\frac{\mathrm{d}\omega_y}{\mathrm{d}t} - J_{XZ}\frac{\mathrm{d}\omega_z}{\mathrm{d}t}\right) +$$

$$+ \overline{J}\left(-J_{YX}\frac{\mathrm{d}\omega_x}{\mathrm{d}t} + J_Y\frac{\mathrm{d}\omega_y}{\mathrm{d}t} - J_{YZ}\frac{\mathrm{d}\omega_z}{\mathrm{d}t}\right) +$$

$$+ \overline{K}\left(-J_{ZX}\frac{\mathrm{d}\omega_x}{\mathrm{d}t} - J_{YZ}\frac{\mathrm{d}\omega_y}{\mathrm{d}t} + J_Z\frac{\mathrm{d}\omega_z}{\mathrm{d}t}\right) \tag{7.1}$$

在这种情况下，可以通过牛顿第三定律求出主力矩。在移动坐标系内进行投影，将车辆绕质心转动动力学方程写成下列形式：

$$\begin{cases} \dfrac{\mathrm{d}K_X}{\mathrm{d}t} + (\bar{\omega} \times \bar{K}o)_X = L_X^{(e)} \\ \dfrac{\mathrm{d}K_Y}{\mathrm{d}t} + (\bar{\omega} \times \bar{K}o)_Y = L_Y^{(e)} \\ \dfrac{\mathrm{d}K_Z}{\mathrm{d}t} + (\bar{\omega} \times \bar{K}o)_Z = L_Z^{(e)} \end{cases}$$

我们将向量积 $(\bar{\omega} \times \bar{K}o)$ 投影展开,并带入方程 7.1,得到动力学方程组:

$$\begin{cases} J_X \dfrac{\mathrm{d}\omega_X}{\mathrm{d}t} - J_{XY} \dfrac{\mathrm{d}\omega_Y}{\mathrm{d}t} - J_{XZ} \dfrac{\mathrm{d}\omega_Z}{\mathrm{d}t} + J_{yz} \cdot (\omega_Z^2 - \omega_Y^2) + \omega_Z \cdot \omega_Y (J_z - J_y) \\ \qquad - \omega_X \cdot \omega_Y \cdot J_{XZ} - \omega_Z \cdot \omega_X \cdot J_{XY} = L_X^{(e)} \\ -J_{YX} \dfrac{\mathrm{d}\omega_X}{\mathrm{d}t} + J_Y \dfrac{\mathrm{d}\omega_Y}{\mathrm{d}t} - J_{YZ} \dfrac{\mathrm{d}\omega_Z}{\mathrm{d}t} + J_{ZX} \cdot (\omega_X^2 - \omega_Z^2) + \omega_X \cdot \omega_Z (J_X - J_Z) \\ \qquad - \omega_X \cdot \omega_Y \cdot J_{YZ} - \omega_Z \cdot \omega_Y \cdot J_{XY} = L_Y^{(e)} \\ -J_{ZX} \dfrac{\mathrm{d}\omega_X}{\mathrm{d}t} - J_{YZ} \dfrac{\mathrm{d}\omega_Y}{\mathrm{d}t} + J_Z \dfrac{\mathrm{d}\omega_Z}{\mathrm{d}t} + J_{XY} \cdot (\omega_Y^2 - \omega_X^2) + \omega_X \cdot \omega_Y (J_Y - J_X) \\ \qquad - \omega_X \cdot \omega_Z \cdot J_{YZ} - \omega_Z \cdot \omega_Y \cdot J_{XZ} = L_Z^{(e)} \end{cases} \quad (7.2)$$

在所选轴与车体惯性椭球的轴重合的特定情况下,等式(7.2)可写成欧拉方程的形式。我们将它在移动坐标系($OXYZ$)中进行投影:

$$\begin{cases} J_X \dot{\omega}_x + (J_Z - J_Y)\omega_y \omega_z = L_X \\ J_Y \dot{\omega}_y + (J_X - J_Z)\omega_z \omega_x = L_Y \\ J_Z \dot{\omega}_z + (J_Y - J_X)\omega_x \omega_y = L_Z \end{cases}$$

平移运动的运动学参数及方程

车辆在任意时刻空间中的位置可以通过半牵连坐标系和移动坐标系一同确定,两个坐标系之间的相互关系可以通过三个角坐标来表示(欧拉 - 克里洛夫角)(图 7.4):

- 横摆角 Θ;
- 俯仰角 φ;
- 侧倾角 ψ。

固定标系 $O_2 X_2 Y_2 Z_2$ 的轴与半牵连坐标系 $O_1 X_1 Y_1 Z_1$ 的轴平行,因此,为了确定车辆平移运动的运动学参数,需要使用从移

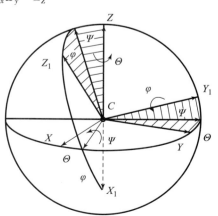

图 7.4 欧拉 - 克里洛夫角

φ, ψ, Θ —纵倾,侧倾和方向角

动坐标系（$OXYZ$）到半牵连坐标系（$O_1X_1Y_1Z_1$）的线性坐标变换矩阵。可以用欧拉－克里洛夫角表示变换矩阵：

$$\begin{bmatrix} V_{Cx2} \\ V_{Cy2} \\ V_{Cz2} \end{bmatrix} = \begin{bmatrix} b_{11} & b_{12} & b_{13} \\ b_{21} & b_{22} & b_{23} \\ b_{31} & b_{32} & b_{33} \end{bmatrix} \cdot \begin{bmatrix} V_{Cx} \\ V_{Cy} \\ V_{Cz} \end{bmatrix}$$

其中：b_{ij} 是方向余弦，V_{Cx}，V_{Cy}，V_{Cz} 是质心的瞬时移动速度在移动坐标系（$OXYZ$）坐标轴上的投影，V_{Cx2}，V_{Cy2}，V_{Cz2} 是瞬时移动速度在固定坐标系（$O_2X_2Y_2Z_2$）坐标轴上的投影。

类似地，可以获得车辆质心速度在移动坐标系（$OXYZ$）轴上的投影：

$$[V_{Cx}, V_{Cy}, V_{Cz}]^T = \boldsymbol{B}^T [V_{Cx2}, V_{Cy2}, V_{Cz2}]^T, \quad i, j = 1, 2, 3 \quad (7.3)$$

其中：$\boldsymbol{B}^T$ 是方向余弦矩阵的转置。

通过简单的变换，可以确定方向余弦的值：

$$\begin{aligned} b_{11} &= \cos\Theta \cdot \cos\varphi - \sin\psi \cdot \sin\varphi \cdot \sin\Theta \\ b_{12} &= -\cos\psi \cdot \sin\Theta \\ b_{13} &= \sin\varphi \cdot \cos\Theta + \cos\varphi \cdot \sin\psi \cdot \sin\Theta \\ b_{21} &= \sin\Theta \cdot \cos\varphi + \cos\Theta \cdot \sin\varphi \cdot \sin\psi \\ b_{22} &= \cos\psi \cdot \cos\Theta \\ b_{23} &= \sin\varphi \cdot \sin\Theta - \sin\psi \cdot \cos\Theta \cdot \cos\varphi \\ b_{31} &= -\cos\psi \cdot \sin\varphi \\ b_{32} &= \sin\psi \\ b_{33} &= \cos\varphi \cdot \cos\psi \end{aligned} \quad (7.4)$$

至此，我们能够确定车辆质心速度在各种坐标系中的投影，这极大地简化了建模的过程。

确定微动坐标系和固定坐标系的相对关系

为了确定微动坐标系 $O_TX_TY_TZ_T$ 相对于固定坐标系 $O_2X_2Y_2Z_2$ 的位置，我们假设，车轮的对称轴在固定坐标系中永远沿竖直方向。我们写出微动坐标系的方向余弦变换矩阵 $\boldsymbol{D}$。使用方向余弦变换矩阵，可以将微动坐标系中定义的任何向量转换到移动坐标系中，反之亦然：

$$\begin{bmatrix} x_2 \\ y_2 \\ z_2 \end{bmatrix} = \begin{vmatrix} d_{11} & d_{12} & d_{13} \\ d_{21} & d_{22} & d_{23} \\ d_{31} & d_{32} & d_{33} \end{vmatrix} \cdot \begin{bmatrix} x_T \\ y_T \\ z_T \end{bmatrix} \quad (7.5)$$

$$d_{11} = \cos(\beta)$$
$$d_{12} = \sin(\beta)$$
$$d_{13} = 0$$
$$d_{21} = -\sin(\beta)$$
$$d_{22} = \cos(\beta)$$
$$d_{23} = 0$$
$$d_{31} = 0$$
$$d_{32} = 0$$
$$d_{33} = 1$$

其中：β 是受控轮相对于车体的旋转角度。

同样地，可以完成从移动坐标系到微动坐标系的坐标变换：

$$[x_T, y_T, z_T]^{\mathrm{T}} = \boldsymbol{D}^{\mathrm{T}} [x_2, y_2, z_2]^{\mathrm{T}}$$

旋转运动的运动学参数及方程

欧拉 – 克里洛夫角与旋转运动的其他运动学参数的关系是：角速度在牵连坐标系中的投影，是在运动学关系的基础上建立的，这被称为旋转运动的关联方程：

$$\begin{cases} \omega_x = \dot{\psi}\cos\varphi - \dot{\Theta}\cos\psi\sin\varphi \\ \omega_y = \dot{\varphi} + \ddot{\Theta}\sin\psi \\ \omega_z = \dot{\Theta}\cos\varphi\cos\psi + \dot{\psi}\sin\varphi \end{cases} \quad (7.6)$$

实际上，我们感兴趣的是如何确定角度 φ, ψ, Θ 变化速度的相互关系。经过简单的变换后，我们得到：

$$\begin{cases} \dfrac{\mathrm{d}\psi}{\mathrm{d}t} = \omega_x\cos\varphi + \omega_z\sin\varphi \\ \dfrac{\mathrm{d}\Theta}{\mathrm{d}t} = \dfrac{\omega_z\cos\varphi - \omega_x\sin\varphi}{\cos\psi} \\ \dfrac{\mathrm{d}\varphi}{\mathrm{d}t} = \omega_y - \tan\psi \cdot (\omega_z\cos\varphi - \omega_x\sin\varphi) \end{cases} \quad (7.7)$$

不考虑车辆翻转的情况，即 $\psi < \pi/2$ 时，方程组（7.7）不成立。

车辆运动的一般方程

利用刚体运动的动量定理和角动量定理，并在移动坐标系中进行投影可以得到：

$$\begin{cases}
(m_{\Pi M} + 2Nm_k)\dfrac{\mathrm{d}V_{Cx}}{\mathrm{d}t} + (m_{\Pi M} + 2Nm_k)(\omega_y V_{Cz} - \omega_z V_{Cy}) = G_x + F_x + \sum_{i=1}^{2N} R_{xi} \\[2mm]
(m_{\Pi M} + 2Nm_k)\dfrac{\mathrm{d}V_{Cy}}{\mathrm{d}t} + (m_{\Pi M} + 2Nm_k)(\omega_z V_{Cx} - \omega_x V_{Cz}) = G_y + F_y + \sum_{i=1}^{2N} R_{yi} \\[2mm]
m_{\Pi M}\dfrac{\mathrm{d}V_{Cz}}{\mathrm{d}t} + m_{\Pi M}(\omega_x V_{Cy} - \omega_y V_{Cx}) = G_z + F_z + \sum_{i=1}^{2N} P_i \\[2mm]
I_x \dfrac{\mathrm{d}\omega_x}{\mathrm{d}t} + \omega_y \omega_z (I_z - I_y) = M_x(F) + \sum_{i=1}^{2N} M_x[P_i] - \sum_{i=1}^{2N} M_x[R_{yi}] \\[2mm]
I_y \dfrac{\mathrm{d}\omega_y}{\mathrm{d}t} + \omega_z \omega_x (I_x - I_z) = M_y(F) - \sum_{i=1}^{2N} M_y[R_{xi}] + \sum_{i=1}^{2N} M_y[P_i] \\[2mm]
I_z \dfrac{\mathrm{d}\omega_z}{\mathrm{d}t} + \omega_x \omega_y (I_y - I_x) = M_z(F) + \sum_{i=1}^{2N} M_z[R_{yi}] - \sum_{i=1}^{2N} M_z[R_{xi}] + \sum_{i=1}^{2N} M_{nki}
\end{cases}$$

（7.8）

其中：

где ω_x, ω_y, ω_z	— 车辆角速度向量在移动坐标系 $OXYZ$ 中的投影；
V_{Cx}, V_{Cy}, V_{Cz}	— 质心线速度向量在移动坐标系 $OXYZ$ 中的投影；
G_x, G_y, G_z	— 重力向量在移动坐标系 $OXYZ$ 中的投影；
F_x, F_y, F_z	— 外力向量在移动坐标系 $OXYZ$ 中的投影；
R_{xi}, R_{yi}	— 车轮与支撑面之间的相互作用力在移动坐标系 $OXYZ$ 中的投影；
P_i	— 第 i 个车轮悬架中的力；
$M_x(F)$, $M_y(F)$, $M_z(F)$	— 外力产生力矩在移动坐标系 $OXYZ$ 中的投影；
$M_x[R_{yi}]$, $M_y[R_{xi}]$, $M_z[R_{yi}]$, $M_z[R_{xi}]$	— 来自移动坐标系中地面和车轮之间相互作用力的投影的力矩在移动坐标系中的投影；
$M_x[P_i]$, $M_y[P_i]$	— 来自于悬架作用力的力矩在移动坐标系中的投影；
M_{nki}	— 第 i 个车轮转向阻力矩在移动坐标系中的投影；
J_x, J_y, J_z	— 相对于移动坐标系 $OXYZ$ 坐标轴的车辆的惯性矩；
m_k	— 车轮质量。

为了确定车轮与支撑面之间的相互作用力，我们来研究下面的数学模型。

7.3 弹性轮胎与平坦不可变形路面的相互作用及其数学模型

在多轴轮式车辆运动的数学模型中，车辆的速度不是通过强制改变车体质心的坐标来实现的，而是通过模拟驱动轮与支撑面的相互作用过程而计算得到。这不仅可以增加多轴车辆沿不平路面运动模型的适应性，而且还可以模拟汽车的起动、加速、制动、克服障碍物、滑转和滑移过程，同时可以考虑到轮胎和土壤耦合特性对运动过程的影响。

车轮滚动计算简图如图 7.5 所示。与行动机构直接相连的传动轴动力学方程如下所示：

$$J_{\text{к}i} \dot{\omega}_{\text{к}i} = M_{\text{кр}i} - M_i \qquad (7.9)$$
$$M_i = R_{\text{к}_i X_T} \cdot r_{\text{к}0} + M_{Ti} + M_{fi}$$

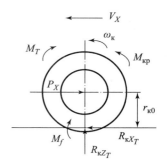

图 7.5　车轮滚动计算简图

V_x—速度矢量；$\omega_{\text{к}}$—车轮角速度；M_T—制动力矩；$M_{\text{кр}}$—驱动扭矩；P_x—施加在车轮轴上的纵向力；$r_{\text{к}0}$—从车轮轴线到支撑表面的距离；M_f—车轮滚动阻力矩；R_{KX_T}，R_{KZ_T}—在微动坐标系内接触区中的反作用力

其中：$M_{\text{кр}i}$ 表示施加在第 i 个驱动轮上的驱动扭矩；M_{Ti} 表示第 i 个车轮上的制动力矩；M_{fi} 表示第 i 个车轮的滚动阻力矩；$R_{\text{к}_i X_T}$ 表示在微动坐标系 $O_1 X_T$ 轴方向，第 i 个行动机构和土地相互作用力的投影；$r_{\text{к}0}$ 表示从车轮轴到支撑表面的距离。

第 i 个车轮与地面在平面 $X_2 O_2 Y_2$ 中的相互作用力：

$$\boldsymbol{R}_{\text{к}i} = -\mu_S |N_i| \frac{\boldsymbol{V}_{\text{ск}i}}{|\boldsymbol{V}_{\text{ск}i}|} \qquad (7.10)$$

其中：μ_S 表示部分滑转摩擦系数，N_i 为第 i 个车轮的法向反作用力；$\boldsymbol{V}_{\text{ск}i}$ 表示车轮滑转速度矢量。

$$\mu_S = \mu_{S\alpha\max} \cdot (1 - e^{-\frac{S_\text{к}}{S_0}}) \qquad (7.11)$$

其中：$\mu_{S\alpha\max}$ 表示对于给定滑转速度矢量转角 α 时，完全滑转时的摩擦系数，$S_\text{к}$ 表示滑转系数，S_0 表示常数。

表达式（7.11）适用于非粘性土壤。值 $\mu_{S\alpha\max}$ 为函数 $\mu_S(S_\text{к})$ 的最大值，并结合常数 S_0 可以表示函数 $\mu_S(S_\text{к})$ 在原点处的梯度（图 7.6）。函数 $\mu_S(S_\text{к})$ 在原点处的导数表达式是：

$$\left. \frac{\mathrm{d}\mu_S(S_\text{к})}{\mathrm{d}S_\text{к}} \right|_{S_\text{к}=0} = \frac{\mu_{S\alpha\max}}{S_0}$$

对于粘性土壤，可以采用以下表达式：

$$\mu_S = \mu_{S\alpha\max} \cdot (1 - e^{-\frac{S_\text{к}}{S_0}}) \cdot (1 + e^{-\frac{S_\text{к}}{S_1}})$$

其中：$\mu_{S\alpha\max}$—给定滑转速度矢量转角时，完全滑转时的摩擦系数，$S_\text{к}$—滑转系数，S_0，S_1—常数。

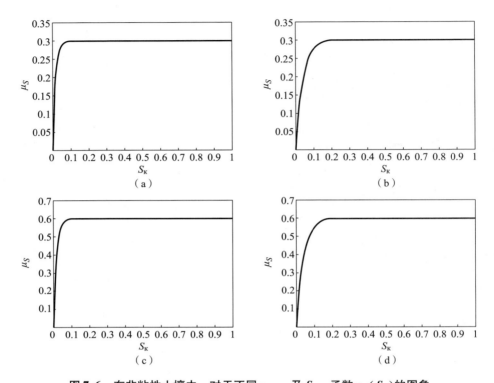

图 7.6 在非粘性土壤中，对于不同 $\mu_{S\alpha max}$ 及 S_0，函数 $\mu_s(S_K)$ 的图象

(a) $\mu_{S\alpha max}=0.3$；$S_0=0.015$； (b) $-\mu_{S\alpha max}=0.3$；$S_0=0.04$； (c) $-\mu_{S\alpha max}=0.6$；$S_0=0.015$； (d) $g-\mu_{S\alpha max}=0.6$；$S_0=0.04$

当 $S_K \to \infty$ 时，函数 $\mu_S(S_K)$ 的值为 $\mu_{S\alpha max}$，并与常数 S_0 和 S_1 一起确定函数 $\mu_S(S_K)$ 极值点的坐标 $-(S_{extr}, \mu_{extr})$，如图 7.7 所示。

通过求解以下方程组得到常数 S_0 和 S_1：

$$\begin{cases} \mu_{S\alpha max} \cdot (1-e^{-\frac{S_{extr}}{S_0}}) \cdot (1+e^{-\frac{S_{extr}}{S_1}}) = \mu_{extr} \\ \dfrac{e^{-\frac{S_{extr}}{S_0}} \cdot (1+e^{-\frac{S_{extr}}{S_1}})}{S_0} - \dfrac{e^{-\frac{S_{extr}}{S_1}} \cdot (1-e^{-\frac{S_{extr}}{S_0}})}{S_1} = 0 \end{cases}$$

根据摩擦椭圆的概念，全滑转的摩擦系数可表示为：

$$\mu_{S\alpha max} = \frac{\mu_{Sxmax} \cdot \mu_{Symax}}{\sqrt{\mu_{Sxmax}^2 \cdot \sin^2\alpha + \mu_{Symax}^2 \cdot \cos^2\alpha}}$$

其中：μ_{Sxmax}，μ_{Symax} 为摩擦椭圆的参数（图 7.8）。

7 轮式车辆曲线运动的数学模型 ■ 89

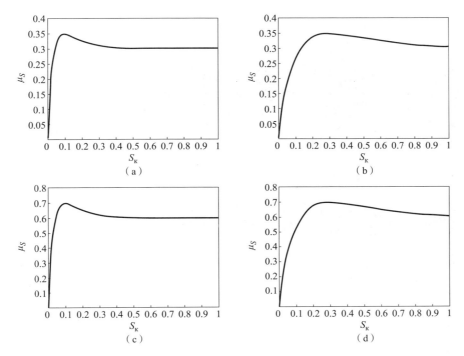

图7.7 函数 $\mu_S(S_K)$ 在不同 $\mu_{S\alpha max}$ 取值时的图像，参数 S_0 和 S_1 适用于粘性土壤

（a）$\mu_{S\alpha max} = 0.3$；$S_0 = 0.0458$；$S_1 = 0.0864$；（b）$\mu_{S\alpha max} = 0.3$；$S_0 = 0.1373$；$S_1 = 0.2593$；
（c）$\mu_{S\alpha max} = 0.6$；$S_0 = 0.0458$；$S_1 = 0.0864$；（d）$\mu_{S\alpha max} = 0.6$；$S_0 = 0.1373$；$S_1 = 0.2593$

滑转系数

$$S_K = \frac{V_{KX_T} - \omega_K r_{K0}}{\omega_K \cdot r_\partial}$$

——适用于车轮的牵引工况；

$$S_K = \frac{V_{KX_T} - \omega_K r_{K0}}{V_{KX_T}}$$

——适用于车轮的制动和被动工况。

其中：V_{KX_T} 是车轮中心线性速度在微动坐标系 X_T 轴上的投影。

我们先来分析多轴车辆的一个车轮（如图7.9）。在固定坐标系中，第 i 个车轮的中心坐标为：

$$L_{K_i 2} = P_{C2} + BL_{K_i 0}$$

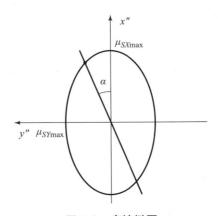

图7.8 摩擦椭圆

α——车轮中心的速度矢量与微动坐标系中 X_T 轴之间的夹角；μ_{Sxmax}，μ_{Sxmax}——在微动坐标系轴线方向上的滑转动摩擦系数

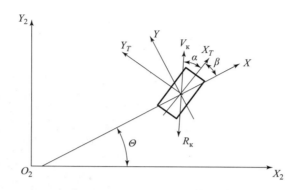

图 7.9 确定车轮与支撑面相互作用力的计算简图

$V_\text{к}$—车轮中心的线速度；α—车轮中心的滑转速度向量与微动坐标系轴 X_T 之间的夹角；
β—被控轮的旋转角度；Θ—方向角；$R_\text{к}$—车轮与支撑表面之间的相互作用力向量

其中 P_{C2}—固定坐标系中，车辆质心位置的位置向量；$L_{K,0}$—在固定坐标系中，第 i 个车轮中心到车体质心的位置向量。

移动坐标系中的车轮中心线速度向量

$$V_{K0} = V_{C0} + \boldsymbol{\omega}_C \times L_{K0},$$

其中：V_{C0}—移动坐标系中车辆质心的速度向量；$\boldsymbol{\omega}_C$—车辆质心角速度向量；L_{K0}—车轮中心到车体质心的位置向量。

展开向量积 $\boldsymbol{\omega}_C \times L_{K0}$

$$\boldsymbol{\omega}_C \times L_{K0} = \begin{bmatrix} \omega_Y L_{Kz0} - \omega_Z L_{Ky0} \\ \omega_Z L_{Kx0} - \omega_X L_{Kz0} \\ \omega_X L_{Ky0} - \omega_Y L_{Kx0} \end{bmatrix}$$

其中：L_{Kx0}，L_{Ky0}，L_{Kz0}—在移动坐标系中，车轮中心位置向量的投影。

移动坐标系中车轮中心线速度向量可写作

$$V_{K2} = B V_{K0}.$$

微动坐标系中车轮中心线速度向量的投影可写作：

$$V_{KX_T} = V_{KX_0} \cos\beta + V_{KY_0} \sin\beta;$$
$$V_{KY_T} = -V_{KX_0} \sin\beta + V_{KY_0} \cos\beta;$$
$$V_{KZ_T} = V_{KZ_0} \cos\varphi \cos\psi.$$

在微动坐标系中可以通过下式确定车轮的滑转速度：

$$V_{CK} = \sqrt{V_{X_{CK}}^2 + V_{Y_{CK}}^2}$$
$$V_{X_{CK}} = V_{KX_T} - \omega_k \cdot r_{K0}$$

7 轮式车辆曲线运动的数学模型

$$V_{Y_{CK}} = V_{KY_T}$$

车轮中心的滑转速度向量与坐标轴 X_T 之间的夹角 α 定义如下：

若 $V_{CK} \neq 0$，那么

$$\sin\alpha = \frac{V_{KY_T}}{\sqrt{V_{KY_T}^2 + V_{X_{CK}}^2}}$$

否则 $\cos\alpha_i = 1$；$\sin\alpha_i = 0$

若 $\omega_\text{к} r_{K0} \neq 0$ 则有

$$\mu = \frac{\mu_{x\max} \cdot \mu_{y\max}}{\sqrt{(\mu_{x\max} \cdot \sin\alpha_i)^2 + (\mu_{y\max} \cdot \cos\alpha_i)^2}} \cdot \left(1 - \exp\left(-\frac{\sqrt{(V_{X_{CK}})^2 + (V_{Y_{CK}})^2}}{|\omega_\text{к} \cdot r_{K0}| \cdot S_0}\right)\right)$$

否则

$$\mu = \frac{\mu_{x\max} \cdot \mu_{y\max}}{\sqrt{(\mu_{x\max} \cdot \sin\alpha_i)^2 + (\mu_{y\max} \cdot \cos\alpha_i)^2}} \cdot \left(1 - \exp\left(-\frac{\sqrt{(V_{X_{CK}})^2 + (V_{Y_{CK}})^2}}{0.001 \cdot S_0}\right)\right)$$

在微动坐标系中轮胎与支撑面相互作用力可写作：

$$R_{KX_T} = R_K \cos\alpha;$$
$$R_{KY_T} = R_K \sin\alpha;$$

$X_2 O_2 Y_2$ 平面中车轮与支撑面的相互作用力 R_K 由公式（7.10）确定。

轮胎上沿竖直方向反作用力 R_{KZ_T} 包括以下几个部分：弹性 $R_{KZ_T}^y$ 和耗散 $R_{KZ_T}^\text{п}$ 项。两者都可以通过轮胎的形变量 $h_\text{к}$，以及形变速度 $\dot{h}_\text{к}$ 来计算：

$$R_{KZ_T}^y = R_{KZ_T}^y(h_\text{к}),$$
$$R_{KZ_T}^\text{п} = R_{KZ_T}^\text{п}(\dot{h}_\text{к}),$$
$$R_{KZ_T} = R_{KZ_T}^y + R_{KZ_T}^\text{п}.$$

车轮轮胎的弹性和耗散特性也以分段函数形式设定（见1.4节）。

在固定坐标系中确定车轮的形变量 $h_\text{к}$ 和形变速度 $\dot{h}_\text{к}$：

$$\begin{cases} h_\text{к} = r_\text{к} - L_{KZ_2} \\ \dot{h}_\text{к} = V_{KZ_2} \end{cases} \tag{7.12}$$

在移动坐标系中，车轮反作用力的投影是：

$$R_{KX_0} = R_{KX_T}\cos\beta - R_{KY_T}\sin\beta$$
$$R_{KY_0} = R_{KX_T}\sin\beta + R_{KY_T}\cos\beta$$
$$R_{KZ_0} = R_{KZ_T}\cos\varphi\cos\psi$$

在对车辆运动过程进行建模仿真的过程中，通过以下参数，可以模拟各种类型的路面：

- "冰雪路面"：$\mu_{Sxmax}=0.3$；$\mu_{Symax}=0.3$；$S_0=0.05$；$S_1=0.1$；$f=0.04$；
- "干燥冰面"：$\mu_{Sxmax}=0.1$；$\mu_{Symax}=0.1$；$S_0=0.05$；$S_1=0.1$；$f=0.04$；
- "土壤路面"：$\mu_{Sxmax}=0.6$；$\mu_{Symax}=0.6$；$S_0=0.05$；$S_1=0.1$；$f=0.04$；
- "沥青路面"：$\mu_{Sxmax}=0.6$；$\mu_{Symax}=0.6$；$S_0=0.05$；$S_1=0.1$；$f=0.02$；
- "混合路面"：首先，将整个区域被划分为若干方形；然后，使用随机数发生器，为每个方形分配"冰雪"或"土壤"类型的支撑路面的属性。

7.4 弹性车轮沿不可变形不平路面滚动的数学模型

前述车轮与平坦不可变形路面相互作用的模型具有如下缺点：

（1）车轮与支撑基面为点接触，其没有考虑轮胎外轮廓的变形性质；

（2）忽略从地面作用于车轮的反作用力在竖直平面的偏移。

使用该方法可以研究汽车的机动性、操控性、稳定性和牵引动力特性，但是为了模拟车辆在不平路面上的运动（这些问题和路面平顺性以及轮廓通过性有关），需要开发一种更复杂的弹性车轮不平路面相互作用的模型。

本节介绍了弹性车轮沿不平路面滚动的数学模型，模型中考虑了车轮在接触面上的变形。

我们来看车轮运动的计算简图，如图 7.10 所示。

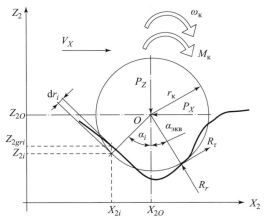

图 7.10　车轮沿不平支撑面滚动计算简图

O—车轮中心；Z_{2O}，X_{2O}—固定坐标系中车轮中心的坐标；$\omega_К$—车轮的角速度；$M_К$—施加在车轮上的驱动力矩；V_X—车轮中心的横向速度；P_Z，P_X—从车轴施加在车轮中心上的纵向力和横向力；R_r，R_τ—车轮与支撑面相互作用力在径向和切向的投影；$r_К$—车轮的自由半径；Z_{2gri}，X_{2i}—在未变形轮廓的第 i 点下方的支撑面的坐标；α_i—竖直轴和车轮的未变形轮廓的第 i 个点之间的角度；$\alpha_{ЭКВ}$—合反力作用点的等效角度；$\mathrm{d}r_i$—轮胎在未变形轮廓的第 i 个点处沿径向的形变量

7 轮式车辆曲线运动的数学模型

在未变形车轮轮廓的下半圆上，我们选择一定数量的点 n_t，其位置将由其竖直参考线与竖直方向之间的角度 α_i 确定。竖直参考线通过车轮中心向，沿 X_2 轴方向取向下为正方向。通过车轮中心向各个点作射线，取得各个点的参考线（见图 7.10）。权衡模型精度和模型计算速度的矛盾，确定合适的取点数量。在固定坐标系中确定所选轮廓点的坐标 X_{2i} 和 Y_{2i}。

$$X_{2i} = X_{20} + r_k \sin\alpha_i \cos(\Theta + \beta)$$
$$Y_{2i} = Y_{20} + r_k \sin\alpha_i \sin(\Theta + \beta)$$
$$-\frac{\pi}{2} \leqslant \alpha_i \leqslant \frac{\pi}{2}$$

其中：X_{20}，Y_{20} 是固定坐标系中车轮的中心坐标；Θ 为轴 OX_2，OX 之间的夹角；β 是被控轮的旋转角度（如图 7.9）。

固定坐标系中未变形车轮轮廓的第 i 点的纵坐标 Z_{2i} 由下列公式确定

$$Z_{2i} = Z_{20} - r_k \cos\alpha_i$$

其中：Z_{20} 是固定坐标系中车轮中心的纵坐标。

未变形车轮轮廓的第 i 点在径向方向上的形变量 dr_i 通过下列公式计算得到：

$$dr_i = \begin{cases} 0, & Z_{2gri} \leqslant Z_i \\ (Z_{2gri} - Z_{2i})\cos|\alpha_i|, & Z_{2gri} > Z_{2i} \end{cases}$$

其中：Z_{2gri} 是车轮第 i 点下支撑面轮廓的竖直坐标。

因此，当在车轮不变形轮廓和路面支撑面之间存在若干重合区域的情况下，为了确定车轮与支撑面在微动坐标系中的反作用力 R_x 和 R_z，则需要确定径向反作用力 R_r 和切向反作用力 R_τ 合力作用点的等效夹角 $\alpha_\text{экв}$（图 7.10）。

我们以加权平均值的方式定义 $\alpha_\text{экв}$：

$$\alpha_\text{экв} = \frac{\sum\limits_{i=1}^{n_T} \alpha_i dr_i}{\sum\limits_{i=1}^{n_T} dr_i}$$

径向反作用力 R_r 是以下两个分力的合力：弹性力 R_{ry} 和阻尼力 $R_{rд}$，$R_r = R_{ry} + R_{rд}$。R_{ry} 取决于轮胎的等效形变

$$dr_\text{экв} = \frac{\sum\limits_{i=1}^{n_k} dr_i}{n_\text{к}}$$

其中：$n_\text{к}$ 是与支撑面相接触的车轮不变形轮廓上点的个数。

$R_{rд}$ 取决于轮胎在径向方向上的形变速度。为此，需要在轴 X_T 和 Z_T 上确定

车轮轮廓上点的速度：

$$V_{iX_T} = \omega_{\kappa}(r_{\kappa} - dr_i)\cos\alpha_i + V_{0X_T}$$
$$V_{iZ_T} = \omega_{\kappa}(r_{\kappa} - dr_i)\sin\alpha_i + V_{0Z_T}$$

其中：ω_{κ}——车轮的角速度；V_{0X_T} 和 V_{0Z_T} 分别是车轮中心 O 速度向量在 X_T 轴和 Z_T 轴上的投影。

车轮中心线速度向量在微动坐标系中的投影可表示为：

$$V_{KX_T} = V_{KZ_0}\sin\alpha_{\text{экв}} + (V_{KX_0}\cos\beta + V_{KY_0}\sin\beta)\cos\alpha_{\text{экв}}$$
$$V_{KY_T} = -V_{KX_0}\sin\beta + V_{KY_0}\cos\beta$$
$$V_{KZ_T} = V_{KZ_0}\cos\varphi\cos\psi$$

未变形车轮轮廓的第 i 个点在径向方向上的线速度向量

$$V_{ri} = V_{iX_T}\sin\alpha_i + V_{iZ_T}\cos\alpha_i$$

在径向方向上轮廓的第 i 个点的变形速度

$$\frac{\mathrm{d}}{\mathrm{d}t}(\mathrm{d}r_i) = \frac{\mathrm{d}Z_{2gri}}{\mathrm{d}t}\cos\alpha_i - V_{ri}$$

等效形变速度

$$\frac{\mathrm{d}r_{\text{экв}}}{\mathrm{d}t} = \frac{\sum_{i=1}^{n}\left[\dfrac{\mathrm{d}}{\mathrm{d}t}(\mathrm{d}r_i)\right]}{n_k}$$

接下来，通过研究轮胎在径向方向上的弹性和阻尼特性确定 R_r。切向反作用力 $R_\tau = \mu_S R_r$。

在微动坐标系中，车轮与支撑面相互作用力 R_{XT} 和 R_{ZT} 可通过下式计算得到

$$R_\tau = \mu_S R_r \cos\alpha$$
$$R_{X_T} = R_\tau\cos\alpha_{\text{экв}} - R_r\sin\alpha_{\text{экв}}$$
$$R_{Y_T} = \mu_S R_r \sin\alpha$$
$$R_{Z_T} = R_\tau\sin\alpha_{\text{экв}} + R_r\cos\alpha_{\text{экв}}$$

在移动坐标系中，轮胎与支撑面相互作用力的投影：

$$R_{X_0} = (R_{X_T}\cos\alpha_{\text{экв}} - R_r\sin\alpha_{\text{экв}})\cos\beta - R_{Y_T}\sin\beta$$
$$R_{X_0} = R_{X_T}\sin\beta + R_{Y_T}\cos\beta$$
$$R_{Z_0} = R_{Z_T}\cos\varphi\cos\psi$$

由于径向反作用 R_r 的偏移，对车轮会产生附加力矩 M_{fR}，计算方法如下：

$$M_{fR} = R_{Z_T}(r_{\kappa} - \mathrm{d}r_{\text{экв}})\sin\alpha_{\text{экв}}$$

7.5 车轮相对于车身的运动方程

从路面作用于车轮上的法向反作用力是决定车辆运动状态的动力因素。为了在每个积分区间都能确定它的值，需要使用车轮相对于车身运动的数学模型。

在对车辆运动进行建模的过程中，根据公式（7.12）计算车轮轮胎的变形和变形率。

由于车轮在移动时，相对于车身几乎只存在垂直运动，故我们假设在模型中车轮沿轴 CZ_1 做垂向移动。

确定轮胎变形的过程与车轮相对于车身的运动过程（悬架偏转）相关。车轮在地面上的位置取决于车轮与车身的相对运动关系，并最终对车轮形变产生影响。

按照车辆运动动力学的一般数学建模过程对悬架行程进行建模并确定轮胎上的力，按照1.2节中描述的方法进行建模，唯一的区别是悬架的挠度和相对偏转速度应在移动坐标系中计算：

$$h_{ji} = z_{K_{ij}0} - z_{P_{ij}0} + h_{ji\max}$$
$$\dot{h}_{ij} = \dot{z}_{K_{ij}0} - \dot{z}_{P_{ij}0}$$

其中：$z_{K_{ij}0}$——移动坐标系中第 j 侧的第 i 个车轮的中心的垂向坐标；

$z_{P_{ij}0}$——移动坐标系中第 j 侧的第 i 个车轮的悬架的连接点的垂向坐标。

7.6 确定轮式车辆运动方程中的力和力矩

为了对车辆运动微分方程组进行求解，必须先确定包含在方程右边的这些力的力和力矩。

轮式车辆运动方程中的力

我们将重力向量投影到移动坐标系的 $OXYZ$ 轴上：

$$\boldsymbol{g}^{(0)} = \boldsymbol{B}^{\mathrm{T}} \begin{bmatrix} 0 \\ 0 \\ -mg \end{bmatrix} = \begin{bmatrix} mg\cos\psi\sin\varphi \\ -mg\sin\varphi \\ -mg\cos\psi\cos\varphi \end{bmatrix}$$

其中：m——车辆质量，g——重力加速度。

空气阻力对车辆车身的影响将通过集中力 P_w 来估算，集中力 P_w 是气流作用力的所有分量的合力。力施加在车身前轮廓的受风面中心。假设车身前投影受风面中心与车辆的质心重合，可通过下列表达式计算 P_w：

$$P_w = c_x \cdot F \cdot q_v$$
$$F = k_{pr} \cdot B \cdot H$$
$$q_v = \rho_v v_x^2 / 2$$

其中：$c_x = 0.7...1.3$——车辆阻力系数；F——车辆的正投影区面积；q_v——速度压头；$k_{pr} = 0.8...0.95$——车辆投影系数；ρ_v——空气密度（对于标准大气条件下 $\rho_v = 1.25 \text{ kg/m}^3$）；$V_x$——车辆速度，m/s。

那么得到固定坐标系中的空气阻力向量为 $[-P_w, 0, 0]$。

在移动坐标系中，为了确定作用于车身的外部力，必须将固定坐标系中的力向量通过矩阵 $\boldsymbol{B}$ 进行变换：

$$[F_X, F_Y, F_Z]^T = \boldsymbol{B}^T [F_{X_1}, F_{Y_1}, F_{Z_1}]^T$$

在移动坐标系中作用在车辆上的力矩

在移动坐标系中对车上的作用力进行投影，然后我们再在移动坐标系 $OXYZ$ 中计算这些力产生的力矩。移动坐标系中力的投影产生的力矩的方程式如下所示：

$$\sum M_x(R_{yi}) = \sum_{i=1}^{2N} R_{yi} z_i$$

$$\sum M_y(R_{xi}) = \sum_{i=1}^{2N} R_{xi} z_i$$

$$\sum M_z(R_{yi}) = \sum_{i=1}^{2N} R_{yi} x_i$$

$$\sum M_z(R_{xi}) = \sum_{i=1}^{2N} R_{xi} y_i$$

$$\sum M_x(P_i) = \sum_{i=1}^{2N} P_i y_i$$

$$\sum M_y(P_i) = \sum_{i=1}^{2N} P_i x_i$$

其中：x_i, y_i, z_i——在移动坐标系中第 i 个悬架与车身的连接点的坐标。

这样车辆曲线运动数学模型的开发任务就完成了。接下来我们来考虑如何对车辆传动和控制系统进行建模。

MATLAB/SIMULINK 环境下车辆沿均匀不可变形路面作曲线运动的数学模型

我们来看模拟双轴轮式车辆运动的程序,源文件如下所示。

```
g=9.81;
M=2000;%车辆的悬架质量,kg
I_y=7500;%车身相对于横轴的惯性距,kg·m²
I_x=300;%车身相对于纵轴的惯性距,kg·m²
I_z=10,000;%车身相对于竖直轴的惯性距,kg·m²
m_k=15;%车轮质量,kg
rk=0.38;%车轮自由半径,m
Jz=m_k*rk*rk/2;%车轮相对于旋转轴的惯性矩,kg·m²
h_sh_max=0.06;%轮胎的最大形变,m
B=1.5;%轮距,m
i_gp=4.5;%主传动比
Jd=13;%从发动机旋转部件传递到曲轴的惯性距,kg·m²
l1=1.5;%前轴相对于车身质心的纵向坐标,m
l2=-2.5;%后轴相对于车身质心的纵向坐标,m
L=l1-l2;
Z_p0=-0.5;%在移动坐标系中,悬架与车身的连接点沿竖直方向的坐标,m
Rp1=[l1 B/2 Z_p0];%在移动坐标系中,第一个车轮的固定轴相对车身质心的坐标
Rp2=[l2 B/2 Z_p0];%在移动坐标系中第二个车轮的固定轴相对车身质心的坐标
```

Rp3 = [l1 -B/2 Z_p0];%在移动坐标系中第三个车轮的固定轴相对车身质心的坐标
Rp4 = [l2 -B/2 Z_p0];%在移动坐标系中第四个车轮的固定轴相对车身质心的坐标
Rp_2 = 0.5*M*g*l1/(l1 - l2);%后轴车轮悬架上的静载荷,N
Rp_1 = 0.5*M*g - Rp_2;%前轴车轮悬架上的静载荷,N
Rk1 = Rp_1 + m_k*g;%前轴车轮上的静载荷,N
Rk2 = Rp_2 + m_k*g;%后轴车轮上的静载荷,N

%轮胎性能
c_sh = 1e6;%轮胎刚度,N/m
h_k = [-0.5 0 h_sh_max/2 h_sh_max 1.2* h_sh_max];%轮胎形变,m
P_k_1 = [0 0 Rk1 Rk1 +c_sh*h_sh_max/2 1000000];%前轴轮胎的弹性力,N
P_k_2 = [0 0 Rk2 Rk2 +c_sh*h_sh_max/2 1000000];%后轴轮胎的弹性力,N
ht_k = [0 1];%轮胎的形变速度,m/s
P_k_d = [0 15000];%轮胎阻尼力,N

%支撑表面
f = 0.02;%滚动摩擦系数
S0 = 0.05;%近似系数
S1 = 0.1;
mux_max = 0.6;%沿 X 轴全滑转的附着系数
muy_max = 0.6;%沿 Y 轴全滑转的附着系数

%初始条件
P_c2_0 = [0; 0; rk];
psi_0 = 0.01;
fi_0 = 0;
teta_0 = 0;
V_c0_0 = [10/3.6;0;0];
wk_0 = V_c0_0(1)/rk;
omega_c0_0 = [0;0;0];

8.1 弹性车轮沿平坦不可变形路面运动时与路面相互作用的数学建模

用于模拟车轮运动的程序模块 OXM_1,如图 8.1 所示。

8 MATLAB/SIMULINK 环境下车辆沿均匀不可变形路面作曲线运动的数学模型

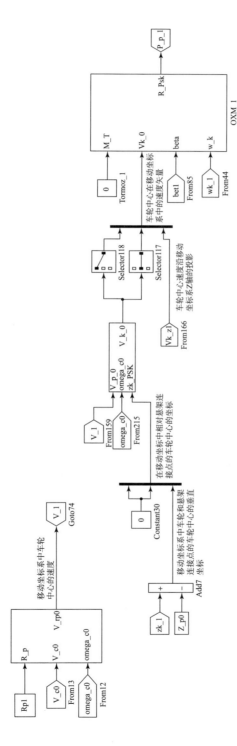

图8.1 车轮和支持表面相互作用模型的程序模块

输入信号：
- Vk_0：移动坐标系中车轮中心与车身的连接点的线速度矢量 V_{K0}；
- beta：车轮的转动角度；
- w_k：车轮的角速度；
- M_T：制动扭矩。

输出信号：
- R_Psk：在移动坐标系中轮胎和支撑面的作用力 R_{K0}。

确定 V_{K0} 的模块如图 8.2 所示。

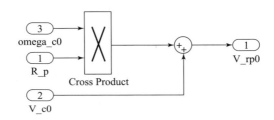

图 8.2　确定 V_{K0} 的程序模块

通过此模块，可以确定车轮转动的阻力矩（图 8.3）。

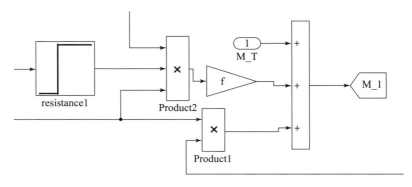

图 8.3　求解车轮转动微分方程

车轮与支撑面相互作用的垂直力看作是轮胎的弹性力和阻尼力之和（图 8.4）。

LookUp Table 模块中对于轮胎弹性力"TYRE_UPR"和阻尼力"TYRE_DEMP"的设置如图 8.5 所示。

8 MATLAB/SIMULINK 环境下车辆沿均匀不可变形路面作曲线运动的数学模型　　101

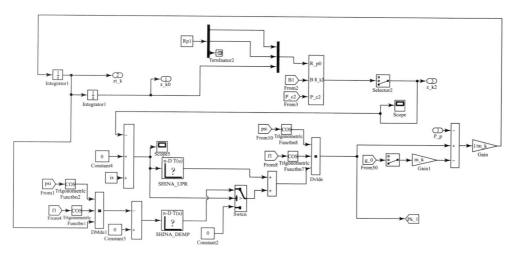

图 8.4　确定车轮和支撑面沿竖直方向的相互作用力

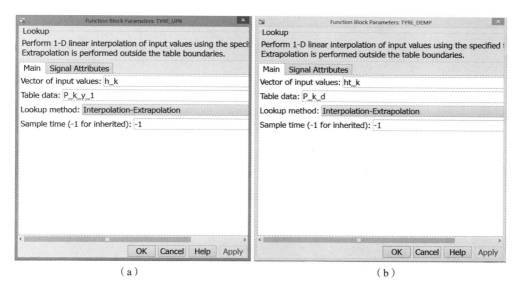

图 8.5　LookUp Table 模块中对于轮胎弹性力"TYRE_UPR"（a）和
阻尼力"TYRE_DEMP"（b）的设置

"TYRE_FORCES"模块用于计算微动坐标系中力的纵向投影 R_{X_T} 和横向投影 R_{Y_T}（图 8.6）。

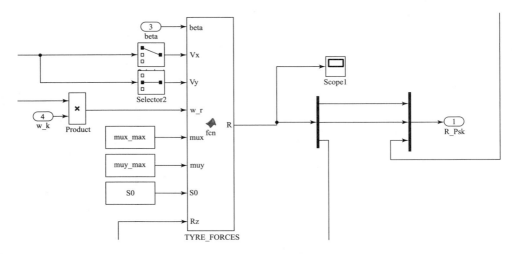

图 8.6 用于计算微动坐标系中力的纵向投影 R_{X_T} 和横向投影 R_{Y_T} 的模块

输入信号：
- beta：方向盘的旋转角度，rad；
- Vx：车轮中心和车身连接点的线速度矢量 $\vec{V}_{K0}$ 在移动坐标系的 X_0 轴上的投影；
- Vy：车轮中心和车身连接点的线速度矢量 $\vec{V}_{K0}$ 在移动坐标系的 Y_0 轴上的投影；
- w_r：车轮的角速度与从车轮中心到支撑面距离的乘积。
- mux，muy：摩擦椭圆参数；
- S0：表征支撑面特性的常数；
- Rz：微动坐标系中轮胎和支撑面的接触面的垂直作用力。

输出信号：
- R：向量 $R = [R_x; R_Y; R_{xt}]$，其中 R_x 和 R_y 为沿 X_0 和 Y_0 轴的在接触面上作用力的投影，R_{xt} 为沿微动坐标系 X_T 轴的在接触面上的作用力投影。

下面给出用于计算轮胎和支撑面接触区域的作用力的程序代码。

```
function R = fcn(beta,Vx,Vy,w_r,mux,muy,S0,Rz)
%#codegen
Vxt = Vx*cos(beta) + Vy*sin(beta);%计算车轮中心速度在微动坐标系 X 轴上的投影
Vyt = -Vx*sin(beta) + Vy*cos(beta);%计算车轮中心速度在微动坐
```

标系 Y 轴上的投影

```
V_sk = Vxt - w_r;%计算车轮中心的滑转速度在微动坐标系 X 轴上的投影
V1 = sqrt(Vyt*Vyt + V_sk*V_sk);%计算滑转速度矢量的模
%计算非完全滑转系数
mu = 0;
c_alfa = 1;
s_alfa = 1;
if abs(V1) > 0
c_alfa = V_sk/V1;
s_alfa = Vyt/V1;
mu1 = sqrt((c_alfa*muy)^2 + (s_alfa*mux)^2);
c = abs(w_r);%牵引模式
if V_sk > 0
c = abs(Vxt);%制动或被动模式
end
if c == 0
    c = 0.001;
end
S = -V1/c/S0;%滑转系数
mu2 = 1 - exp(S);
mu2 = mu2*mux*muy;
mu = mu2/mu1;
end
%计算轮胎与支撑面的接触面中的作用力
Rxt = -Rz*mu*c_alfa;%X 轴上的投影
Ryt = -Rz*mu*s_alfa;%Y 轴上的投影
Rx = Rxt*cos(beta) - Ryt*sin(beta);%微动坐标系 X 轴上的投影
Ry = Rxt*sin(beta) + Ryt*cos(beta);%微动坐标系 Y 轴上的投影
R = [Rx;Ry;Rxt];
```

用于确定移动坐标系中的车轮中心的竖直坐标 Z_{K2} 的模块如图 8.7 所示。

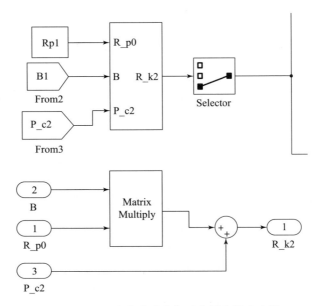

图 8.7 用于确定移动坐标系中的车轮中心的
竖直坐标 Z_{K2} 的模块

8.2 具有独立悬架的双轴轮式车辆曲线运动的数学建模

用于计算移动坐标系中重力矢量投影的模块如图 8.8 所示。用于计算从移动到固定坐标系的变换矩阵 **B** 的模块如图 8.9 所示。

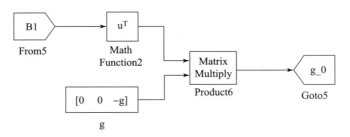

图 8.8 用于确定重力矢量在移动坐标系
轴上投影的模块

8 MATLAB/SIMULINK 环境下车辆沿均匀不可变形路面作曲线运动的数学模型 ■ 105

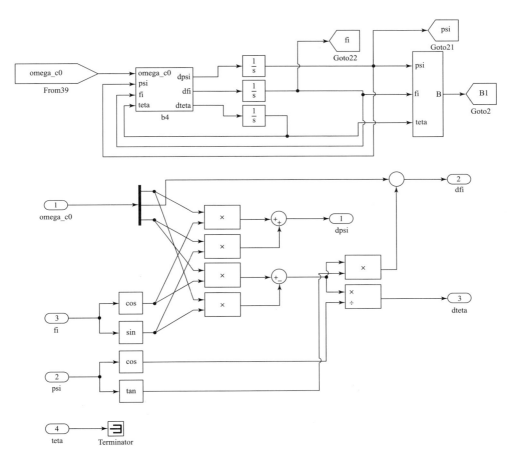

图 8.9 用于计算从移动坐标系到固定坐标系的
变换矩阵 B 的模块

用于求解车辆在移动坐标系中相对于 X, Y, Z 轴的平移运动微分方程的程序模块如图 8.10 所示。

用于求解车辆在移动坐标系中相对于 X, Y, Z 轴的旋转运动微分方程的程序模块如图 8.11 所示。

使用 XY Graph 模块构造的固定坐标系的 X_2OY_2 平面上的轮式车辆的曲线运动的轨迹如图 8.12 所示。

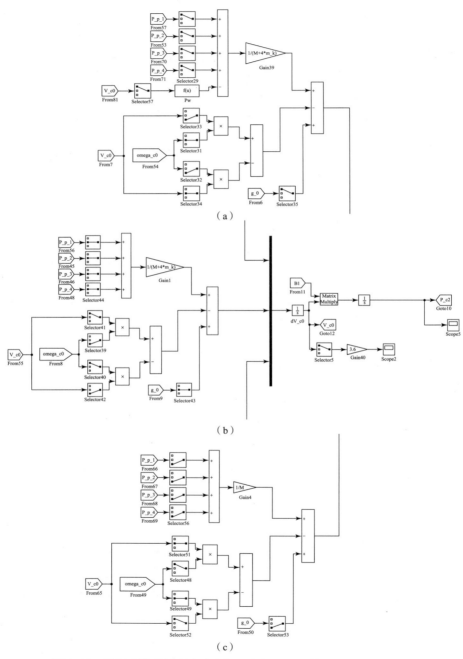

图 8.10 用于求解车辆在移动坐标系中相对于 X 轴（a），Y 轴（b），Z 轴（c）的平移运动微分方程的程序模块

8 MATLAB/SIMULINK 环境下车辆沿均匀不可变形路面作曲线运动的数学模型

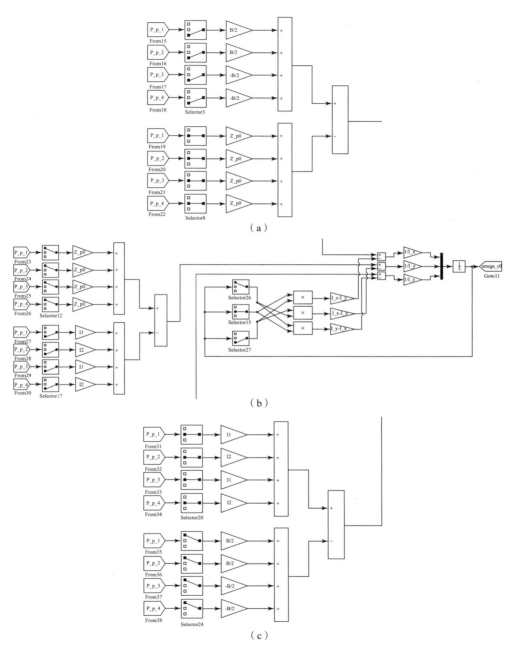

图 8.11 用于求解车辆在移动坐标系中相对于 X 轴（a），Y 轴（b），
Z 轴（c）的旋转运动微分方程的程序模块

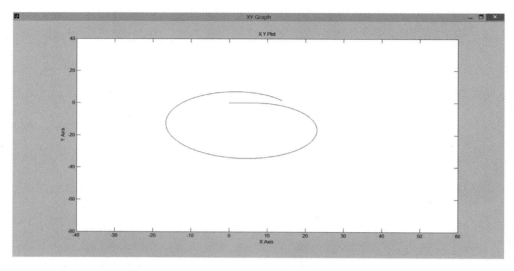

图 8.12　在固定坐标系中 X_2OY_2 平面上的轮式车辆的曲线运动的轨迹

自我检测

1. 在移动坐标系中，计算车轮与车身连接点的线速度在程序模块有何特点？
2. 为什么在确定从变换矩阵 B 的模块中，将 teta 角连接到 Terminator 进行"消除"？
3. 如何在可移动坐标系中重新计算轮胎与支撑面接触区域内的作用力？
4. 如何设置 XY Graph 模块以显示车辆的运动轨迹？

9

轮式车辆机械传动系统的数学建模

9.1 在对轮式车辆的机械传动系统进行建模时，设定内燃机的外特性

扭矩 $M_{двi}$ 的当前值可以根据发动机的实验外特性确定，或者根据经验公式由若干工况点确定

$$M_{двi} = M_{двN}\left[a + b\frac{n_{двi}}{n_{двN}} - c\left(\frac{n_{двi}}{n_{двN}}\right)^2\right]$$

$$M_{двN} = 9554\frac{N_{двmax}}{n_{двN}}$$

其中：$M_{двN}$——最大功率点的发动机扭矩，Nm；$N_{двmax}$——发动机最大功率，kW；$n_{двN}$——发动机最大功率下的曲轴转速，r/min；a，b，c——三个系数，取决于发动机的适应性，通过转动特性 $k_{двn}$ 和扭矩特性 $k_{двM}$ 计算得到。

$$k_{двn} = \frac{n_{двN}}{n_{двM}}$$

$$n_{двn} = \frac{M_{двmax}}{M_{двN}}$$

其中：$n_{двM}$——最大扭矩下，发动机曲轴的转速，r/min；$M_{двmax}$——发动机的最大扭矩，Nm。

对于没有调节器和限制器的汽油发动机：

$$a = 2 - \frac{0.25}{k_{двM} - 1}$$

$$b = 2 - \frac{0.5}{k_{\text{дв}M} - 1} - 1$$

$$c = \frac{0.25}{k_{\text{дв}M} - 1}$$

对于柴油机和有调节器和限制器的汽油发动机：

$$a = 1 - \frac{(k_{\text{дв}M} - 1)k_{\text{дв}n}(2 - k_{\text{дв}n})}{(k_{\text{дв}n} - 1)^2}$$

$$b = \frac{2(k_{\text{дв}M} - 1)k_{\text{дв}n}}{(k_{\text{дв}n} - 1)^2}$$

$$c = \frac{(k_{\text{дв}M} - 1)k_{\text{дв}n}^2}{(k_{\text{дв}n} - 1)^2}$$

系数 $k_{\text{дв}n}$ 和 $k_{\text{дв}M}$ 越大，发动机稳定运行的范围越大，车辆的燃料效率越好。

对汽油发动机来说，$k_{\text{дв}M} = 1.2 \sim 1.35$；$k_{\text{дв}n} = 1,5 \sim 2,5$；对柴油发动机和燃油喷射汽油发动机，$k_{\text{дв}M} = 1,05 \sim 1,2$；$k_{\text{дв}n} = 1.45 \sim 2.0$；在具有电控燃油喷射系统的现代柴油发动机中，$k_{\text{дв}M} = 1.4 \sim 1.5$。

通过引入功率输出系数 k_{CHN}，来考虑额外设备（消声器、风扇、压缩机等）产生的功率损失。然后在变速器的输入轴上输入的力矩 $M_{\text{дв-тр}}$ 为：

$$M_{\text{дв-тр}} = k_{\text{CHN}} M_{\text{дв}}.$$

（根据俄罗斯标准，$k_{\text{CHN}} = 0.93 \sim 0.96$。）

9.2 单盘摩擦离合器的数学建模

在摩擦离合器的数学模型中，干摩擦力 F_{mp} 和接触面的相对运动速度 V_n 的关系以图 9.1 所示的形式给出。

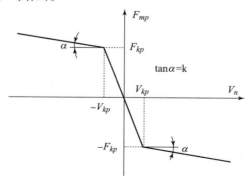

图 9.1 干摩擦特性

9 轮式车辆机械传动系统的数学建模

离合器传递的扭矩 $M_{сц}$ 由以下公式确定：

$$M_{сц} = F_{тр} r_{эф}$$

$$r_{эф} = \frac{\pi(D_{накл}^3 - d_{накл}^3)}{12 S_{накл}}$$

$$S_{накл} = \frac{0.94\pi(D_{накл}^2 - d_{накл}^2)}{4}$$

其中：$F_{тр}$—离合器摩擦盘之间的摩擦力；$r_{эф}$—有效摩擦半径；$D_{накл}$，$d_{накл}$—分别为离合器摩擦片的外径和内径；$S_{накл}$—摩擦离合器覆盖区域面积。

力 $F_{тр}$ 由以下算法估算。如果 $|\omega_{дв} - \omega_{кп}| \geq \Delta\omega_{п}$（其中：$\omega_{дв}$—发动机曲轴转速；$\omega_{кп}$—变速箱主轴的转速；$\Delta\omega_{п}$—阈值），则

$$F_{тр} = F_c[1 + (k_b - 1)e^{-c_w|\omega_{дв} - \omega_{кп}|}]\text{sign}(\omega_{дв} - \omega_{кп}) \quad (9.1)$$

$$F_c = F_{pr} + f_{cfr}\frac{h_{сц} N_{\max}}{\pi r_{эф}^2} \quad (9.2)$$

$$F_{pr} = \mu h_{сц} N_{\max} \quad (9.3)$$

$$N_{\max} = \frac{1.1 T_{двmax}}{r_{эф} \mu}$$

其中：F_c—库伦摩擦力；k_b—启动力的变化系数；c_w—转换率；F_{pr}—静摩擦力；f_{cfr}—库伦摩擦系数；μ—静摩擦系数；$N_{\max}$—摩擦离合器最大压紧力；$T_{двmax}$—发动机产生的最大扭矩；$h_{сц} = [0\cdots1]$—离合器踏板的位置：0—离合器分离，1—离合器闭合。

注意：在公式（9.2）中 $r_{эф}$ 以厘米为单位。

如果 $|\omega_{дв} - \omega_{кп}| < \Delta\omega_n$，则

$$F_{тр} = K_x(\omega_{дв} - \omega_{кп})$$

其中：K_x—比例系数。

$$K_x = \frac{F_c[1 + (k_b - 1)e^{-c_w|\omega_{дв} - \omega_{кп}|}]}{\Delta\omega_{п}}$$

用于建模的（9.1）-（9.3）式中的参数值见表9.1。

表9.1 建模中参数的数值

参数	符号	单位	值
库伦摩擦力系数	f_{cfr}	N/bar	33
启动力变化系数	k_b	—	1.1

续表

参数	符号	单位	值
转换率	c_w	c	1.24
角速度差的阈值	Δ	1/c	0.5
静摩擦系数	μ	-	0.4

9.3 4×2 后驱车辆的差速传动系统数学建模

4×2 后驱车辆的差速传动方案简图如图 9.2 所示。

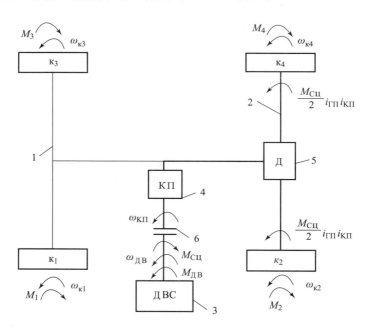

图 9.2 4×2 后驱车辆的差速传动方案简图

1,2—前后轴;3—内燃机;4—变速箱;5—对称轮间差速器;6—离合器;к1~к4—车轮编号;M_i—第 i 个车轮的阻力矩;M_2,M_4—传动系统后轴的驱动力矩;$M_{дв}$—发动机输出的扭矩;$i_{кп}$—变速箱传动比;$i_{гп}$—主减速器传动比;$\omega_{кi}$—第 i 个车轮的角速度;$\omega_{кп}$—变速箱第一轴的角速度;$\omega_{дв}$—发动机曲轴的角速度

在这种情况下,传动系统可以通过以下方程组来描述:

$$\begin{cases} J_\text{к}\dot{\omega}_{\text{к}1} = -M_1 \\ J_\text{к}\dot{\omega}_{\text{к}2} = \dfrac{M_\text{сц}}{2}i_\text{КП}i_\text{ГП} - M_2 \\ J_\text{к}\dot{\omega}_{\text{к}3} = -M_3 \\ J_\text{к}\dot{\omega}_{\text{к}4} = \dfrac{M_\text{сц}}{2}i_\text{КП}i_\text{ГП} - M_4 \\ \dot{\omega}_\text{КП} = i_\text{ГП}i_\text{КП}\dfrac{\dot{\omega}_{\text{к}2} + \dot{\omega}_{\text{к}4}}{2} \\ J_\text{дв}\dot{\omega}_\text{дв} = h_{dr}M_\text{дв} - M_\text{сц} \end{cases} \quad (9.4)$$

其中：$J_\text{к}$，$J_\text{дв}$—车轮和发动机的惯性矩；$\dot{\omega}_{\text{к}i}$—第 i 个车轮的角加速度；$\dot{\omega}_\text{дв}$—发动机曲轴旋转的角加速度；h_{dr}—油门踏板位置，$h_{dr} = 0 \sim 1$。

9.4　4×2 后驱车辆的闭锁传动的数学模型

图中所示为 4×2 后驱车辆的闭锁传动方案（图 9.3）。

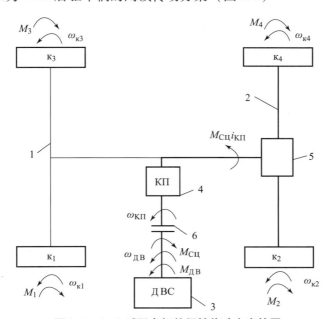

图 9.3　4×2 后驱车辆的闭锁传动方案简图

1，2—前后轴；3—内燃机；4—变速箱；5—带有闭锁轮间差速器的主减速器；6—离合器；к$_1$ ~ к$_4$—车轮编号；M_i—第 i 个车轮的阻力矩；$M_\text{сц}$—离合器输出的扭矩；$M_\text{дв}$—发动机输出的扭矩；$i_\text{КП}$—变速箱传动比；$i_\text{ГП}$—主减速器传动比；$\omega_{\text{к}i}$—第 i 个车轮的角速度；$\omega_\text{КП}$—变速箱第一轴的角速度；$\omega_\text{дв}$—发动机曲轴的角速度

在这种情况下，传动系统可以通过以下方程组来描述：

$$\begin{cases} J_\text{к} \dot{\omega}_{\text{к}1} = -M_1 \\ J_\text{к} \dot{\omega}_{\text{к}3} = -M_3 \\ \dot{\omega}_{\text{к}2} = \dot{\omega}_{\text{к}4} = \dfrac{\dot{\omega}_{\text{кп}}}{i_{\text{кп}} i_{\text{гп}}} \\ J_{TP} \dot{\omega}_{\text{кп}} = M_{\text{сц}} - \dfrac{M_2 + M_4}{i_{\text{кп}} i_{\text{гп}}} \\ J_{\text{дв}} \dot{\omega}_{\text{дв}} = h_{dr} M_{\text{дв}} - M_{\text{сц}} \end{cases}$$

其中：J_{TP}——从变速箱的输出轴到后驱动轮的转动惯量（转化到变速箱的输出轴上）。

9.5 4×2 前驱车辆的差速传动系统数学模型

图 9.4 中所示为 4×2 前驱车辆的差速传动方案。

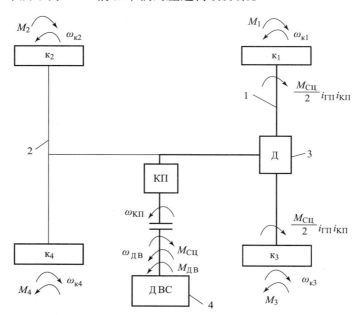

图 9.4 4×2 前驱车辆的差速传动方案简图

1，2—前后轴；3—对称轮间差速器；4—离合器；M_i—第 i 个车轮的阻力矩；$M_{\text{сц}}$—离合器输出的扭矩；$M_{\text{дв}}$—发动机输出的扭矩；$i_{\text{кп}}$—变速箱传动比；$i_{\text{гп}}$—主减速器传动比；$\omega_{\text{к}i}$—第 i 个车轮的角速度；$\omega_{\text{кп}}$—变速箱主轴的角速度；$\omega_{\text{дв}}$—发动机曲轴的角速度

该传动系统可以通过以下方程组来描述:

$$\begin{cases} J_{\text{к}}\dot{\omega}_{\text{к}1} = \dfrac{M_{\text{сц}}}{2} i_{\text{кп}} i_{\text{гп}} - M_1 \\ J_{\text{к}}\dot{\omega}_{\text{к}2} = -M_2 \\ J_{\text{к}}\dot{\omega}_{\text{к}3} = \dfrac{M_{\text{сц}}}{2} i_{\text{кп}} i_{\text{гп}} - M_3 \\ J_{\text{к}}\dot{\omega}_{\text{к}4} = -M_4 \\ \dot{\omega}_{\text{кп}} = i_{\text{гп}} i_{\text{кп}} \dfrac{\dot{\omega}_{\text{к}1} + \dot{\omega}_{\text{к}3}}{2} \\ J_{\text{дв}}\dot{\omega}_{\text{дв}} = h_{dr} M_{\text{дв}} - M_{\text{сц}} \end{cases}$$

9.6 全时 4×4 车辆的差速传动系统数学模型

全时 4×4 车辆的差速传动方案简图如图 9.5 所示。

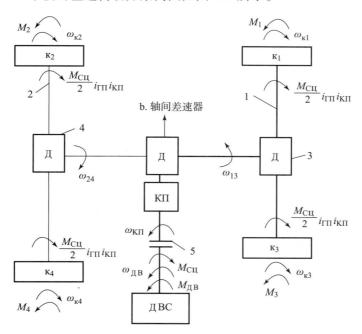

图 9.5 全时 4×4 车辆的差速传动方案简图

1, 2—前后轴; 3, 4—对称轮间差速器; 5—离合器; ω_{13}, ω_{24}—前后传动轴角速度; $\omega_{\text{кп}}$—变速箱主轴的角速度; $M_{\text{сц}}$—离合器输出的扭矩; M_i—第 i 个车轮的阻力矩; $M_{\text{дв}}$—发动机输出的扭矩; $i_{\text{кп}}$—主变速箱传动比; $\omega_{\text{к}i}$—第 i 个车轮的角速度; $\omega_{\text{дв}}$—发动机曲轴的角速度

传动系统可以通过以下方程组来描述：

$$\begin{cases} J_{\text{к}}\dot{\omega}_{\text{к}1} = \dfrac{M_{\text{сц}}}{4}i_{\text{кп}}i_{\text{гп}} - M_1 \\[4pt] J_{\text{к}}\dot{\omega}_{\text{к}2} = \dfrac{M_{\text{сц}}}{4}i_{\text{кп}}i_{\text{гп}} - M_2 \\[4pt] J_{\text{к}}\dot{\omega}_{\text{к}3} = \dfrac{M_{\text{сц}}}{4}i_{\text{кп}}i_{\text{гп}} - M_3 \\[4pt] J_{\text{к}}\dot{\omega}_{\text{к}4} = \dfrac{M_{\text{сц}}}{4}i_{\text{кп}}i_{\text{гп}} - M_4 \\[4pt] \dot{\omega}_{\text{кп}} = i_{\text{гп}}i_{\text{кп}}\dfrac{\dot{\omega}_{13} + \dot{\omega}_{24}}{2} \\[4pt] \dot{\omega}_{13} = i_{\text{гп}}\dfrac{\dot{\omega}_{\text{к}1} + \dot{\omega}_{\text{к}3}}{2} \\[4pt] \dot{\omega}_{24} = i_{\text{гп}}\dfrac{\dot{\omega}_{\text{к}2} + \dot{\omega}_{\text{к}4}}{2} \\[4pt] J_{\text{дв}}\dot{\omega}_{\text{дв}} = h_{dr}M_{\text{дв}} - M_{\text{сц}} \end{cases}$$

9.7　短时 4×4 车辆传动系统的数学模型

图 9.6 为具有可断开后轴和自锁对称轮间差速器前轴的 4×4 车辆的机械传动方案简图。

前轴的差速器 5 可以自锁，也就是既可控制并具有自锁功能。

图 9.6 所示的传动系统可以用下面的方程组来描述：

$$\begin{cases} J_{\text{к}}\dot{\omega}_{\text{к}1} = M_{131} - M_1 - (1 - b\_01)M_3 \\ J_{\text{к}}\dot{\omega}_{\text{к}2} = M_{242} - M_2 \\ J_{\text{к}}\dot{\omega}_{\text{к}3} = M_{133} - M_3 - (1 - b\_01)M_1 \\ J_{\text{к}}\dot{\omega}_{\text{к}4} = M_{244} - M_4 \\ \dot{\omega}_{\text{дв}} = i_{\text{гп}}i_{\text{кп}}[(1 - 0,5b\_01)\dot{\omega}_{\text{к}1} + 0,5b\_01\dot{\omega}_{\text{к}3}] \\ J_{\text{дв}}\dot{\omega}_{\text{дв}} = h_{dr}M_{\text{дв}} - M_c \\ M_{131} = M_{133} = M_c i_{\text{гп}}i_{\text{кп}}(1 - h)(1 - 0,5b\_01) \\ M_{242} = M_c i_{\text{гп}}i_{\text{кп}}h\,h_2 \\ M_{244} = M_c i_{\text{гп}}i_{\text{кп}}h\,h_4 \end{cases} \quad (9.5)$$

9 轮式车辆机械传动系统的数学建模 ■ 117

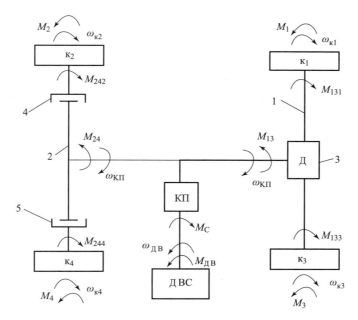

图 9.6 具有可断开后轴的 4×4 车辆传动方案简图

1—前轴；2—后轴；3—前轴对称自锁轮间差速器；4—摩擦离合器；к₁ ~ к₄—车轮；M_{13}，M_{24}—变速器传递到前后轴的扭矩；M_i—第 i 个车轮的阻力矩；$M_{дв}$—发动机输出的扭矩；$\omega_{кi}$—第 i 个车轮的角速度；$\omega_{дв}$—发动机曲轴的角速度；$\omega_{кп}$—变速箱输出轴的角速度；M_c—发动机轴的阻力矩；M_{131}，M_{133}—提供给前轴驱动轮的扭矩；M_{242}，M_{244}—施加在后轴驱动轮的扭矩

其中：$0 < h < 1.0$ 是传递到后轴的变速箱输出的扭矩比例；h_2，h_4 为汽车后轴上总扭矩分配给第 2 和第 4 轮上的比例；b_01 表示控制信号：如果 $b\_01 = 0$ 表示汽车前轴的轮间差速器闭锁。如果 $b\_01 = 1$ 表示车辆前轴的轮间差速器解锁。

9.8　6×4 车辆差速传动的数学模型

6×4 车辆差速传动系统如图 9.7 所示。
传动系统可以通过以下方程组来描述：

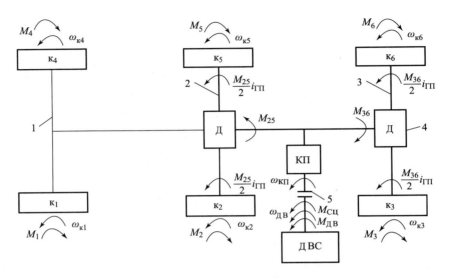

图 9.7 6×4 车辆差速传动

1，2，3—车轴；4—对称轮间差速器；5—离合器；M_{25}，M_{36}—传递到变速器的前后轴的扭矩；M_i—第 i 个车轮的阻力矩；$M_{дв}$—发动机输出的扭矩；$i_{КП}$—变速箱的传动比；$i_{ГП}$—主减速器传动比；$\omega_{кi}$—第 i 个车轮的角速度；$\omega_{дв}$—发动机曲轴的角速度；$\omega_{КП}$—变速箱第一轴的角速度；$M_{сц}$—离合器输出的扭矩

$$\begin{cases} J_к \dot{\omega}_{к1} = -M_1 \\ J_к \dot{\omega}_{к2} = \dfrac{M_{25}}{2} i_{ГП} - M_2 \\ J_к \dot{\omega}_{к3} = \dfrac{M_{36}}{2} i_{ГП} - M_3 \\ J_к \dot{\omega}_{к4} = -M_4 \\ J_к \dot{\omega}_{к5} = \dfrac{M_{25}}{2} i_{ГП} - M_5 \\ J_к \dot{\omega}_{к6} = \dfrac{M_{36}}{2} i_{ГП} - M_6 \\ \dot{\omega}_{КП} = i_{ГП} i_{КП} \dfrac{\dot{\omega}_{к2} + \dot{\omega}_{к5}}{2} \\ \dot{\omega}_{КП} = i_{ГП} i_{КП} \dfrac{\dot{\omega}_{к3} + \dot{\omega}_{к6}}{2} \\ M_{сц} = \dfrac{M_{25} + M_{36}}{i_{КП}} \\ J_{дв} \dot{\omega}_{дв} = h_{dr} M_{дв} - M_{сц} \end{cases}$$

9.9 具有非对称轮间差速器的 6×6 车辆差速传动系统的数学模型

具有非对称轮间差速器的 6×6 车辆差速传动的数学模型如图所示（图 9.8）。

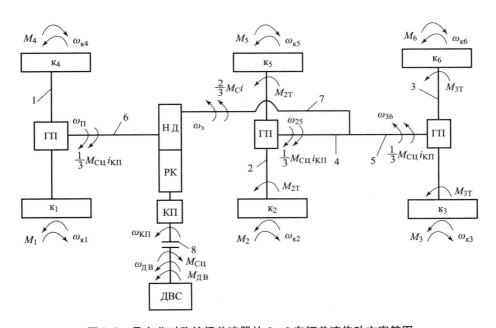

图 9.8 具有非对称轮间差速器的 6×6 车辆差速传动方案简图

1，2，3—驱动轴；4，5，6，7—传动轴；8—离合器；ДВС—内燃机；ГП—带有对称式轮间差速器的主减速；КП—变速箱；РК—分动箱；НД—传动比 $u=-1/2$ 的非对称器差速器；$к_1 \sim к_6$—车轮编号；$M_1 \sim M_6$—车轮滚动阻力矩；$\omega_{к1} \sim \omega_{к6}$—车轮角速度；$M_{дв}$—发动机输出的扭矩；$M_{2т}$，$M_{3т}$—分别是第二和第三轴的车轮上的扭矩；$\omega_{дв}$—发动机曲轴的角速度；$\omega_{25}$，$\omega_{36}$—第 4 轴和第 5 轴的旋转角速度；$\omega_п$，$\omega_3$—6 轴和 7 轴的旋转角速度；$\omega_{кп}$—变速箱的第一轴的角速度；$M_{сц}$—离合器输出的扭矩

该传动系统可以通过以下方程组来描述：

$$\begin{cases} J_\text{к}\dot\omega_{\text{к}1} = \dfrac{1}{6}M_\text{сц}i_\text{ГП}i_\text{КП} - M_1 \\ J_\text{к}\dot\omega_{\text{к}2} = M_{2\text{Т}} - M_2 \\ J_\text{к}\dot\omega_{\text{к}3} = M_{3\text{Т}} - M_3 \\ J_\text{к}\dot\omega_{\text{к}4} = \dfrac{1}{6}M_\text{сц}i_\text{ГП}i_\text{КП} - M_4 \\ J_\text{к}\dot\omega_{\text{к}5} = M_{2\text{Т}} - M_5 \\ J_\text{к}\dot\omega_{\text{к}6} = M_{3\text{Т}} - M_6 \\ \dfrac{2}{3}M_\text{сц}i_\text{ГП}i_\text{КП} = 2M_{2\text{Т}} + 2M_{3\text{Т}} \\ \dot\omega_\text{КП} = \dfrac{1}{3}i_\text{КП}\dot\omega_\text{П} + \dfrac{2}{3}i_\text{КП}\dot\omega_\text{Э} \\ \dot\omega_\text{П} = i_\text{ГП}\dfrac{\dot\omega_{\text{к}1} + \dot\omega_{\text{к}4}}{2} \\ \dot\omega_\text{з} = i_\text{ГП}\dfrac{\dot\omega_{\text{к}2} + \dot\omega_{\text{к}5}}{2} \\ \dot\omega_\text{з} = i_\text{ГП}\dfrac{\dot\omega_{\text{к}3} + \dot\omega_{\text{к}6}}{2} \\ J_\text{дв}\dot\omega_\text{дв} = h_{dr}M_\text{дв} - M_\text{сц} \end{cases}$$

10

机械传动系统数学建模：准备和模拟

10.1 4×2后驱车辆的差速传动系统建模

4×2后驱车辆的差速传动方案简图如图9.2所示。用于确定发动机转矩 $M_{дв}$ 的程序模块如图10.1所示。

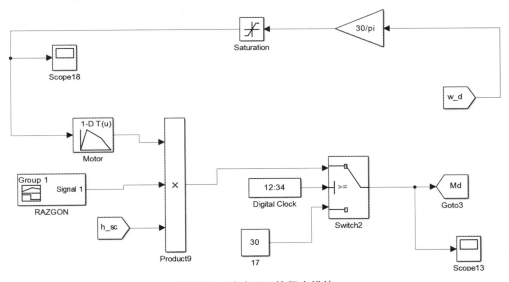

图10.1 确定 $M_{дв}$ 的程序模块

使用 LookUp Table "Motor1" 模块设置内燃机的外特性，如图10.2所示。图10.3 显示了使用 Signal Builder "RAZGON" 模块设置驾驶员踩下燃油踏板的循环。Saturation 模块用作发动机的限速器（图10.4）。

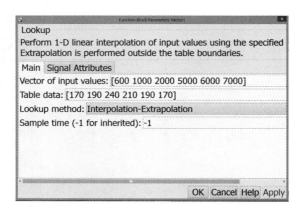

图 10.2 设置内燃机的外部特性（在 Vector of input 行输入发动机曲轴角速度应以 r/min 为单位）

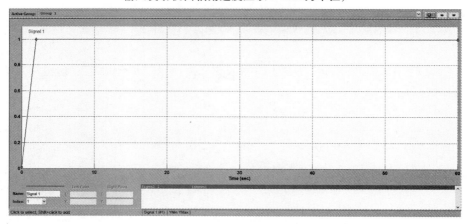

图 10.3 驾驶员踩下燃油踏板的循环

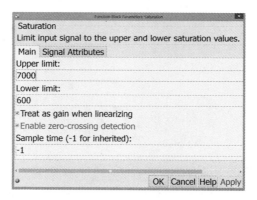

图 10.4 Saturation 模块设置（转速限制以 r/min 为单位）

为了求解（9.4）所示的方程组，我们使用图 10.5 所示的程序模块。

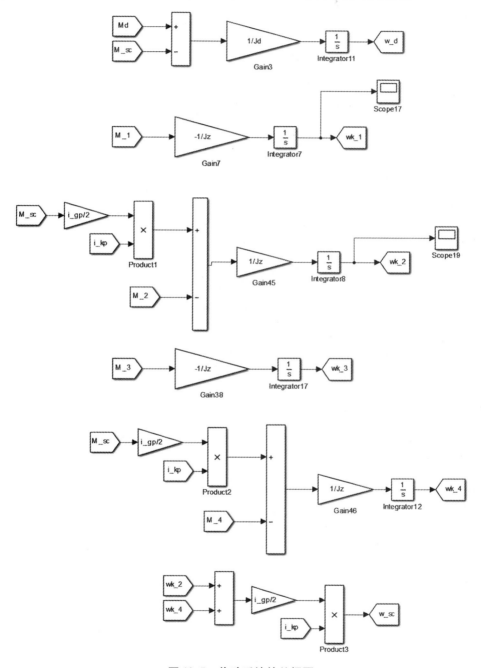

图 10.5 传动系统的总视图

输入变量：
- M_1 ~ M_4：车轮上的阻力矩，Nm；
- i_kp：变速箱的传动比；
- M_d：发动机曲轴上的扭矩，Nm；
- M_sc：离合器输出的扭矩，Nm。

输出变量：
- w_k1 ~ w_k4：车轮的角速度，rad/s；
- w_d：发动机曲轴的角速度，rad/s；
- w_sc：齿轮箱输入轴的角速度，rad/s。

10.2 机械变速箱换挡算法

为了充分模拟车辆机械传动系统，有必要开发一种自动换挡模型。挡位切换一般取决于发动机输出转速。但是这仅在模拟车辆加速时才有效，此时驾驶员完全踩下燃料踏板，与此同时内燃机的曲轴的转速增加。然而，当驾驶时，例如，在实际行驶过程中驾驶员不断地改变踏板的开合程度，而且机械变速箱的被设计成无论车速如何变化，需将曲轴转速保持在其给定范围之内（例如，如果设定了最大动力模式则在最大力矩区域，或者如果设定了经济模式则在最小燃料消耗区域）。

更准确的是取决于运动速度的换档策略。以装备了五挡手动变速箱和差速传动方案的 4×2 车辆自动换挡为例。我们假设驾驶员以下列速度换挡：

换挡	1→2	2→1	2→3	3→2	3→4	4→3	4→5	5→4
速度 km/h	6	2	30	20	50	40	80	70

从高速挡切换到低速挡和低速挡切换到高速挡的速度不同，这是因为需要在换挡时避免自激振荡，这就是引入所谓的"死区"的原因。可以使用 Relay 模块来实现这样的功能，在 Switch On Point 和 Switch Off Point 中填入上述换挡点（图 10.6）。

由于 Relay 模块只输出 0（挡位断开）或 1（挡位闭合），也就是说，汇总这些模块的输出信号，我们获得闭合挡位的编号［图 10.6(a)］。根据挡位编号，使用 Multiport Switch 模块获得相应的传动比。该模块的输入信号是挡位编号，输出信号为相应挡位的传动比 i_kp。

10 机械传动系统数学建模：准备和模拟

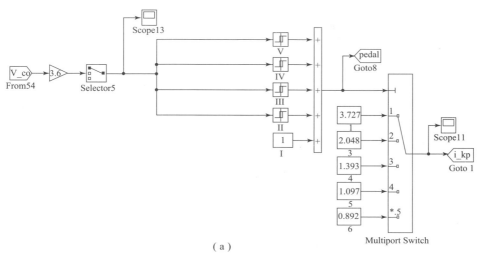

(a)

(b)

图 10.6　自动换挡程序模块（a）和 Relay 模块设置（b）

10.3 单片干式摩擦离合器的建模

模拟单片干式摩擦离合器工作过程的程序模块如图10.7所示。

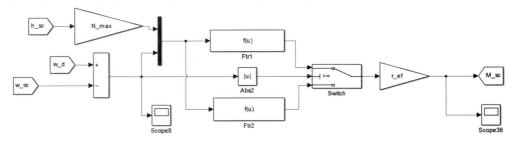

图 10.7 模拟单片干式摩擦离合器工作过程的程序模块

输入变量：
- w_d：发动机曲轴的角速度，rad/s；
- w_sc：变速箱输入轴的角速度，rad/s；
- h_sc：离合器踏板的开合程度。

输出变量：
- M_sc：离合器输出的扭矩，Nm。

使用 Fcn "Ftr1" 和 "Ftr2" 模块计算摩擦力 F_{tp}，其设置如图10.8所示。

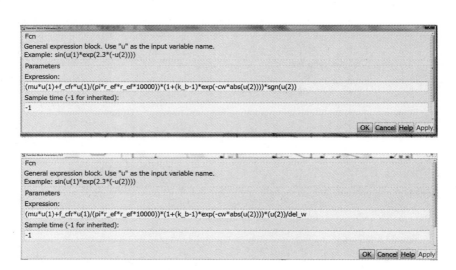

图 10.8 设置 Fcn "Ftr1" 和 "Ftr2" 模块，计算摩擦力 F_{tp}

关于是否需要踩下离合器踏板（断开功率流）的信号将从自动换挡模块的加法器（Go To《Pedal》模块）获得，如图 10.9 所示。

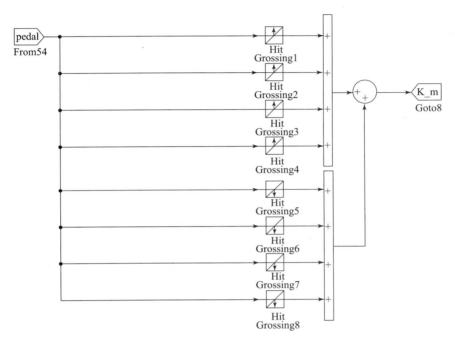

图 10.9　生成是否需要踩下离合器踏板（断开功率流）的信号

使用 Hit Crossing 模块获得持续时间为 0.5 秒（换挡时间）的脉冲形式的控制信号，并且我们将针对每次换挡使用两个模块（一个用于从较低挡切换到较高挡，另一个用于降挡）。因此，对于五速变速箱来说，需要 8 个这样的模块。Hit Crossing 模块的设置方法如图 10.10 所示。

将 Hit Crossing 模块的输出信号求和，得到输出脉冲信号（如图 10.11）。该信号被发送到用于确定发动机曲轴上扭矩的模块（图 10.1）。

踩下或放松离合器踏板导致的转矩变化率在 Rate Limiter 模块给出，其中 Falling slew rate 表示踩下踏板，Rising slew rate 表示放松踏板，如图 10.12 所示。扭矩变化率在当前情况下以 Nm/s 为单位。

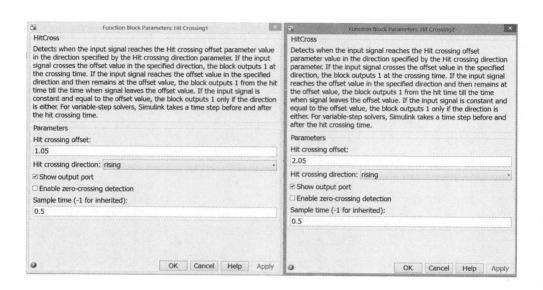

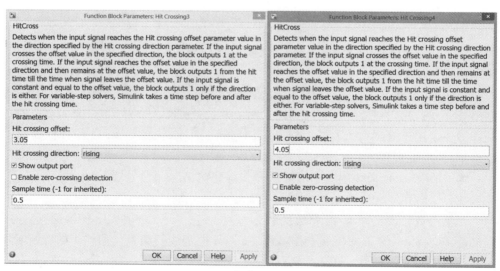

(a)

图 10.10　用于升挡（a）和降挡（b）的 Hit Crossing 模块设置

10 机械传动系统数学建模：准备和模拟 129

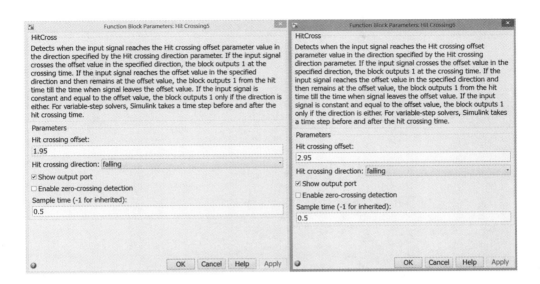

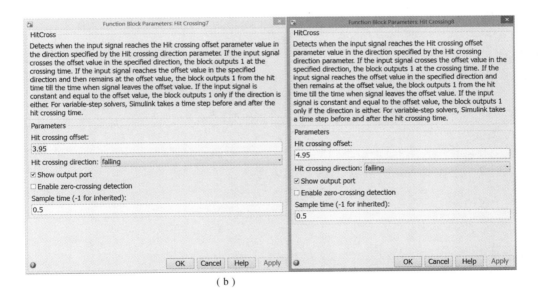

(b)

图 10.10　用于升挡（a）和降挡（b）的 Hit Crossing 模块设置（续）

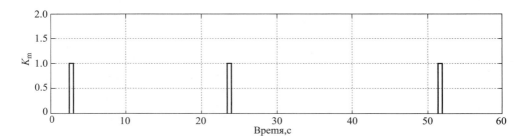

图 10.11　Hit Crossing 模块的合脉冲信号示例

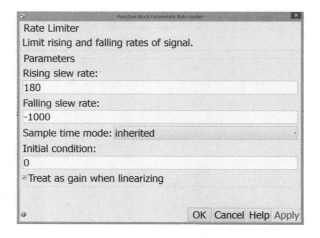

图 10.12　Rate Limiter 模块设置

作为样例，我们将研究具有对称轮间差速器的双轴后驱汽车的加速过程，该系统特征已在第 8 章中给出。在图 10.13 中显示了发动机的外特性。

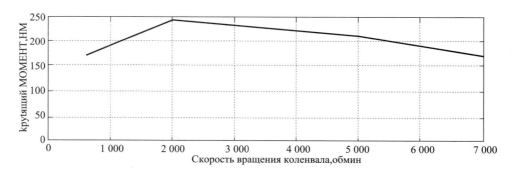

图 10.13　发动机外特性

变速箱的传动比:1 挡为 3.777;2 挡为 2.048;3 挡为 1.393;4 挡为 1.097;5 挡为 0.892。在图 10.14 中显示了运动速度随时间的变化,图 10.15 所示为变速箱输入轴的扭矩随时间的变化。

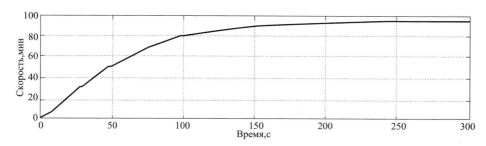

图 10.14　在带有机械变速箱的双轴后驱车辆加速期间,运动速度随时间的变化

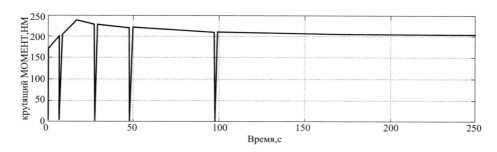

图 10.15　变速箱输入轴的扭矩随时间的变化

自我检测

1. 如何保证传动系统数学模型的变量列表与"Matlab Function"模块的输出信号相互对应?
2. 哪个程序模块用于求解车轮转动方程?
3. 简述模仿机械离合器的主要思路。
4. 什么程序可以避免换挡时的自激振荡?
5. 解释自动换挡的工作原理。
6. 什么程序模块模拟了发动机的限速器?

11

液力机械传动建模

11.1 液力机械传动的数学模型

液力机械传动由机械式变速箱和液力变矩器共同组成,变矩器可以替代离合器,并在避免动力中断的情况下换挡。

液力变矩器的主要部分如图 11.1 所示。泵轮 2 和发动机曲轴 6 刚性连接,而从动部件涡轮 1 – 和变速箱轴 3 相连。在液力变矩器的涡轮和泵轮之间的套筒 4 上安装着导向轮 5,以保证油液能够光滑无冲击地从涡轮流到泵轮,并且显著增加传递的扭矩。

液力变矩器的特征在于在从发动机到变速器传递扭矩的过程中,扭矩值的变化。通过无量纲特性可以评估变矩器的特性,如图 11.2 所示。

无量纲特性是效率 $\eta_{\Gamma T}$,变矩系数 $k_{\Gamma T}$ 和泵轮扭矩系数 λ_H 与液力变矩器转速比 $i_{\Gamma T}$ 的关系。可通过实验确定液力变矩器的无量纲特性。

液力变矩器的工作模式是由传动比确定的,$i_{\Gamma T} = \omega_T / \omega_H$,其中 ω_T——涡轮的角速度,ω_H——泵轮的角速度。

变矩系数表征了变矩器传递扭矩的增加程度:

$$k_{\Gamma T} = \frac{M_T}{M_H},$$

其中:M_T,M_N 分别是涡轮和泵轮轴上的扭矩。

泵轮轴上的扭矩由以下确定:

$$M_H = \lambda_H \rho_\text{ж} D_{\Gamma T}^5 \omega_H^2, \tag{11.1}$$

其中:$D_{\Gamma T}$ 是液力变矩器的有效(最大)直径;$\rho_\text{ж}$ 为液力变矩器内工作液(油

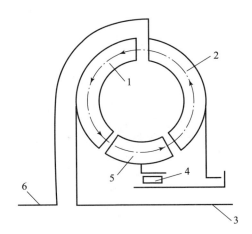

图 11.1 液力变矩器结构图
1—涡轮；2—泵轮；3—传动轴；4—套筒；
5—导向轮；6—发动机曲轴

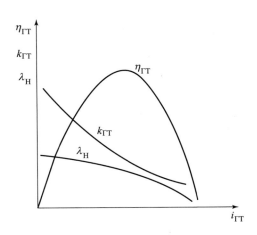

图 11.2 液力变矩器的无量纲特性
$\eta_{\Gamma T}$—液力变矩器的效率；$k_{\Gamma T}$—变矩系数；
λ_H—泵轮扭矩系数；$i_{\Gamma T}$—液力变矩器的传动比

液）的密度；λ_H 表示泵轮的扭矩系数。

液力变矩器的效率表征其能量特性：

$$\eta_{\Gamma T} = \frac{N_T}{N_H} = \frac{M_T \omega_T}{M_H \omega_H} = k_{\Gamma T} i_{\Gamma T}$$

其中：N_H，N_T 分别为泵轮和涡轮的功率。

由于在发动机曲轴和汽车的驱动轮之间缺乏刚性连接，因此对含液力变矩器的传动系统进行建模要更困难。因此，需要确定发动机和液力变矩器的协同工作范围。为此需要建立发动机 – 液力变矩器的负载特性曲线（图 11.3）。为此，对给定 $i_{\Gamma T}$ 的任意值，根据变矩器的无量纲特性确定对应 λ_H 的值。然后给定 ω_H 多个值并按照公式（11.1）确定选定 $i_{\Gamma T}$ 对应的泵轮轴上的扭矩值，根据找到的值在发动机速度特性图上绘制泵轮的扭矩曲线。再用同样的方法给其余的 $i_{\Gamma T}$ 值绘制泵轮的扭矩曲线。泵轮和发动机的扭矩曲线的交点即为发动机和

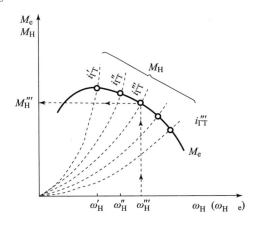

图 11.3 发动机 – 液力变矩器
系统的负载特性
$i_{\Gamma T}$—变矩器的传动比；ω_H—泵轮的
角速度；$M_д$—发动机轴上扭矩

变矩器的协同工作范围。

发动机和变矩器协同工作的模型算法将在汽车原地起步加速的示例中进行演示。

(1) 第一步，在初始时刻 $t_0 = 0$：

$\omega_{\text{т\_0}} = 0$；$\omega_{\text{н\_0}} = \omega_{\text{дв}}$；$i_{\text{гт\_0}} = 0$；$M_{\text{дв\_0}} = M_{\partial b \max}$，

$k_{\text{гт}}$ 和 $\lambda_{\text{н\_0}}$ 的值由已知关系确定（图 11.2）。$M_{\text{н\_0}}$ 值由式（11.1）确定。$M_{\text{т\_0}} = k_{\text{гт\_0}} M_{\text{н\_0}}$ 表示机械变速箱输入轴上的扭矩。然后对于传动系统内的机械部分，根据第 9 章中描述的方法，可以确定所有轴的角速度，其中包括新值 $\omega_{\text{т\_1}}$。

(2) 第二步，在 t_1 时刻：

$\omega_{\text{т}} = \omega_{\text{т\_1}}$；$i_{\text{гт\_1}} = \omega_{\text{т\_1}}/\omega_{\text{н\_0}}$。$M_{\text{н\_1}}$ 的值由式（11.1）及对应的 $i_{\text{гт\_1}}$ 确定。$\omega_{\text{н\_1}}$ 的值由微分方程的解求得：

$$J_{\text{дв}}\frac{d\omega_{\text{н\_1}}}{dt} = M_{\text{дв\_0}} - M_{\text{н\_1}}$$

确定 $i_{\text{гт\_1}} = \omega_{\text{т\_1}}/\omega_{\text{н\_1}}$ 和 $k_{\text{гт\_1}}$ 的值。已知 $\omega_{\text{н\_1}}$，通过发动机的负载特性（图11.3）可以确定 $M_{\text{дв\_1}}$ 的值。$M_{\text{т\_1}} = k_{\text{гт\_1}} M_{\text{н\_1}}$。根据传动系统机械部分可以计算 $\omega_{\text{т\_2}}$。

(3) 第三步，在 t_2 时刻：

$\omega_{\text{т}} = \omega_{\text{т\_2}}$；$i_{\text{гт\_2}} = \omega_{\text{т\_2}}/\omega_{\text{н\_1}}$。$M_{\text{н\_2}}$ 的值由式（11.1）根据 $i_{\text{гт\_2}}$ 确定。$\omega_{\text{н\_2}}$ 的值由微分方程的解求得：

$$J_{\text{дв}}\frac{d\omega_{\text{н\_2}}}{dt} = M_{\text{дв\_1}} - M_{\text{н\_2}}$$

确定 $i_{\text{гт\_2}} = \omega_{\text{т\_2}}/\omega_{\text{н\_2}}$ 和 $k_{\text{гт\_2}}$ 的值。已知 $\omega_{\text{н\_2}}$，通过发动机的负载特性（图11.3）可以确定 $M_{\text{дв\_2}}$ 的值。$M_{\text{т\_2}} = k_{\text{гт\_2}} M_{\text{н\_2}}$。根据传动系统的机械部分可以计算 $\omega_{\text{т\_3}}$。

然后，改变脚标，并重复该计算过程。

11.2 液压机械传动数学建模：准备和模拟

我们以装备有对称差速器的后驱车加速过程为例（见第 10 章）。变速箱的传动比为：1 挡为 3.727；2 挡为 2.048；3 挡为 1.097。

换挡速度如表 11.1 所示：

表 11.1 换挡速度

换挡	1→2	2→1	2→3	3→2 / 0
速度 km/h	8	5	40	30

液力变矩器的无量纲特性在图 11.4 和 11.5 中给出。

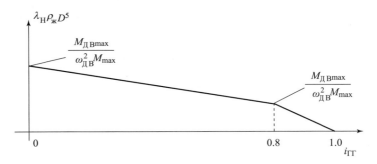

图 11.4 液力变矩器的无量纲特性 $\lambda_\text{H}\rho_\text{ж}D_\text{ГТ}^5$ 和其变速比 $i_\text{ГТ}$ 的关系

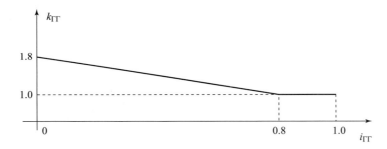

图 11.5 液力变矩器的转矩系数 $k_\text{ГТ}$ 和变速比 $i_\text{ГТ}$ 的关系

通过公式计算可以得到后驱动轮的扭矩 M_{24}：

$$M_{24} = M_\text{T} i_\text{КП} i_\text{ГП} / 2$$

其中：$i_\text{КП}$，$i_\text{ГП}$ 分别为变速箱和主减速器的传动比。

液力变矩器的涡轮叶轮角速度 ω_T 由以下公式确定

$$\omega_\text{T} = \frac{\omega_\text{к2} + \omega_\text{к4}}{2} i_\text{КП} i_\text{ГП}$$

其中：$\omega_\text{к2}$，$\omega_\text{к4}$ 分别表示左后轮和右后轮的角速度。

根据第 11.1 节中描述的算法计算提供给后驱动轮的扭矩 M_{24}，如图 11.6 所示。

设置模块 LookUp Table "LAMBDA" 和 "K_ГТ" 以计算液力变矩器的无量纲特性（图 11.4 和图 11.5），如图 11.7 所示。

图 11.7 中变量的值如下所示：

```
n_m=2000;%最大扭矩下的发动机转速,r/min
```

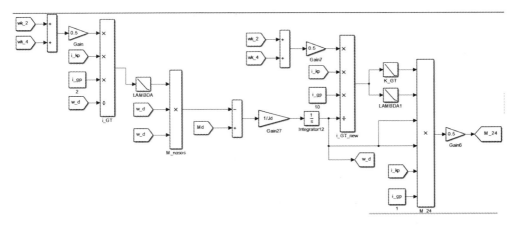

图 11.6 用于计算提供给后驱动轮的扭矩 M_{24} 的程序模块

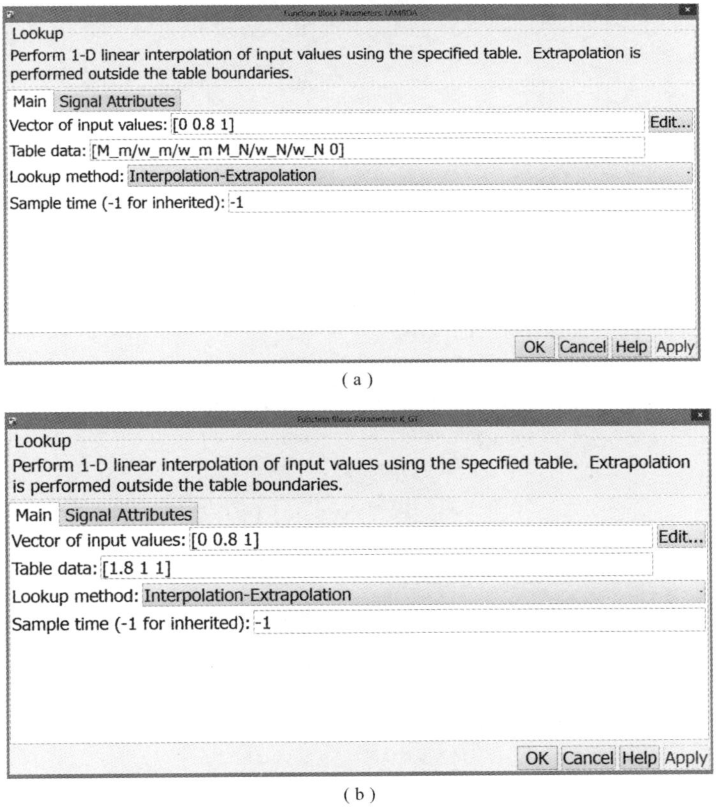

(a)

(b)

图 11.7 设置模块 Look-Up-Table 以计算液力变矩器的无量纲特性
(a) "LAMBDA"; (b) "K_ΓT"

n_N=6000;%在最大功率点发动机转速,r/min
w_m=n_m*pi/30;
w_N=n_N*pi/30;
M_m=240;%最大发动机扭矩,Nm
M_N=190;%最大功率点发动机扭矩,Nm

与图 10.6 类似,含液力变矩器的传动系统的自动换挡程序模块如图 11.8 所示。

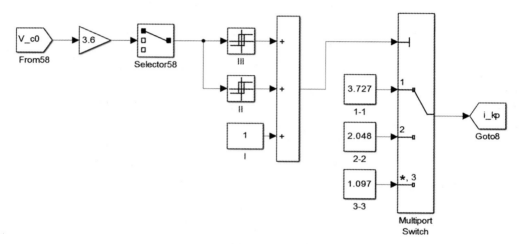

图 11.8 含液力变矩器的传动系统的自动换挡程序模块

用于计算含液力变矩器的传动系统的发动机力矩 $M_{дв}$ 的程序模块总视图如图 11.9 所示。

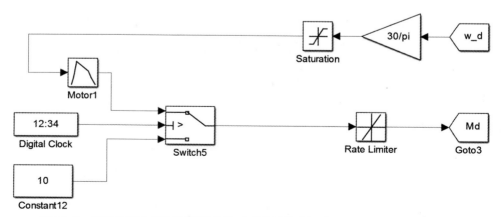

图 11.9 用于计算含液压变矩器的传动系统的发动机力矩 $M_{дв}$ 的程序模块总视图

为了确定车轮的角速度需创建如图8.3中所示的模块（确定车轮滚动阻力矩）。为了简化传动系统机械部分建模的复杂程度，我们不使用MATLAB Function求解传动轴旋转的微分方程，而使用如图11.10所示的计算模块，图11.10（a）用于从动轮，图11.10（b）用于驱动轮。

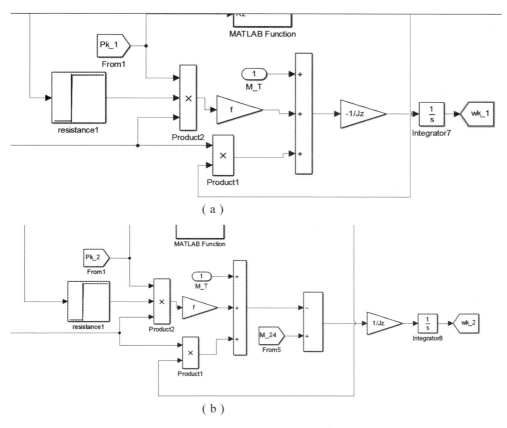

图11.10　求解车轮旋转的微分方程

（a）用于从动轮；（b）用于驱动轮

通过对具有液力机械传动的双轴后驱车辆的加速过程进行仿真，获得了速度随时间变化曲线，如图11.11所示。

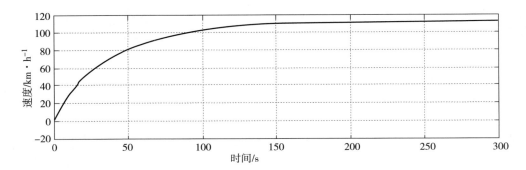

图 11.11　带液力机械传动的双轴后驱车辆加速时的速度变化

自我检测

1. 什么是液力变矩器的无量纲特性？
2. 机械和液力机械传动建模算法之间有什么区别？
3. 用于确定液力机械传动汽车车轮角速度的程序有哪些特征？

12

轮式车辆转向和制动系统的数学模型

12.1 车辆转向的数学模型

当对车辆的曲线运动进行建模时,需要确定转向轮的旋转角度。我们认为转向连杆之间为理想状态,并使用已知的运动学关系计算每个车轮的旋转角度。转向角的计算简图如图 12.1 所示。

使用前轴车轮的平均旋转角度作为主信号。

$$\beta_{1cp} = \frac{\beta_1 + \beta_{n+1}}{2} \qquad (12.1)$$

然后,对于位于转向极点前方的第 i 轴的外部转向轮(相对于转动方向)有:

$$\tan\beta_{i\_ext} = \frac{L - l_{1i} - x_p}{L - x_p + \dfrac{B_k}{2}\tan\beta_{1cp}}\tan\beta_{1cp} \qquad (12.2)$$

对于位于转向极点前方的第 i 轴的内部转向轮(相对于转动方向)有:

$$\tan\beta_{i\_in} = \frac{L - l_{1i} - x_p}{L - x_p - \dfrac{B_k}{2}\tan\beta_{1cp}}\tan\beta_{1cp} \qquad (12.3)$$

对于位于转向极点后方的第 i 轴的外部转向轮(相对于转动方向)有:

$$\tan\beta_{i\_ext}^{P} = \frac{-x_p + l_{ni}}{L - x_p + \dfrac{B_k}{2}\tan\beta_{1cp}}\tan\beta_{1cp} \qquad (12.4)$$

142 车辆系统建模

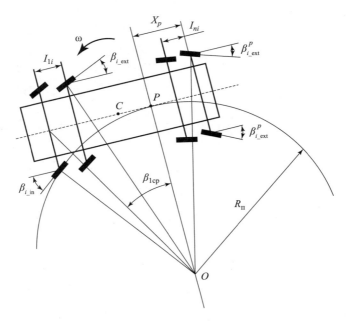

图 12.1 确定转向角的计算简图

P—转向极点；C—质心；O—瞬时旋转中心；x_P—从后轴到转向极点的距离；l_{1i}，l_{ni}—为第 i 轴到前后轴的距离；ω—车辆的角速度；β_{i_ext}，β_{i_in}—外部和内部第 i 轮相对于旋转方向的旋转角度；β_{1cp}—前轴转向轮的平均转角；R_Π—转向半径

对于位于转向极点后方的第 i 轴的内部转向轮（相对于转向方向）

$$\tan\beta_{i\_in}^P = \frac{-x_p + l_{ni}}{L - x_p - \dfrac{B_k}{2}\tan\beta_{1cp}}\tan\beta_{1cp} \tag{12.5}$$

在式（12.2）-（12.5）中：L—车辆的轴距；l_{1i}—从车辆前轴到第 i 轴的距离；l_{ni}—车辆后轴到第 i 轴的距离；B_k—车辆轮距；x_p—从车辆最后轴到转向极点 P 的距离。

12.2 轮式车辆制动系统的数学模型

制动机构生效的那一刻第 i 轮上制动机构产生的力矩可以定义为：

$$M_{Ti} = MsB_i$$

其中：M—完全触发时系统设定的制动力矩；

sB_i—第 i 轮的制动控制信号（最大制动扭矩的比例系数），取值从 0 到 1。

直接作用于第 i 个车轮上的力矩，取决于第 i 个车轮相对于轮毂的转速 $\omega_{\text{к}i}$（图 12.2）：

$$M_{Ti} = \begin{cases} -M, & \omega_{\text{к}i} < \Delta\omega, \\ M\dfrac{\omega_{\text{к}i}}{\Delta\omega}, & -\Delta\omega \leqslant \omega_{\text{к}i} \leqslant \Delta\omega, \\ M, & \omega_{\text{к}i} > \Delta\omega, \end{cases}$$

其中：$\Delta\omega$ 对应定值力矩的车轮的角速度；M_{Ti} 对应于指定控制信号 sB_i 的制动力矩。

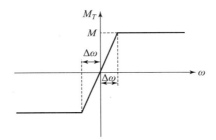

图 12.2 制动力矩 M_T 和车轮相对轮毂的角速度 ω 的关系（M - 给定的制动力矩）

自我检测

1. 列出车辆曲线运动数学建模所需的坐标系。
2. 解释轮胎与支撑面的接触面中产生的纵向、横向和竖直方向力的原因。
3. 模拟机械离合器的原理是什么？
4. 通过什么程序可以避免换挡时的自激振荡？
5. 写出 6×6 车辆的全差速传动元件的旋转微分方程。
6. 对车轮制动机构的制动扭矩建模哪些特征？
7. 如果转向极点与中心轴重合，请写出用于确定 6×6 车辆转向轮转角的表达式。

13

汽车列车运动的数学模型

▪ 13.1 当牵引座上作用有竖直载荷时，列车运动过程的数学建模原理

常见的列车是由牵引车和所谓的半挂车组成的。我们将一起构建列车的数学模型，包括：

牵引列车计算图如图 13.1 所示。

（1）一种带有 6×4 轮式的三轴牵引车，具有前轴、后平衡拖车、前桥的导向轮；

（2）带有轴悬架的双轴非活动半挂车。

分别研究具有桥图和后平衡小车的轮式车辆的数学模型。下面我们将研究双节列车的数学模型的特征。

在确定五轮联轴器（CCY）上的静态垂直载荷时，使用以下原理：半挂车可以看作是三支撑系统，即除了在半挂车的车轮下的两个正常支撑力 R_{Z4} 和 R_{Z5} 之外，第三个支撑力为 $R_{Z.ccy}$。在这种情况下，为了确定在静力学时半挂车车轮上的作用力值和五轮联轴器的作用力，使用如下算式：

$$\begin{cases} R_{Z.ccy} + R_{Z4} + R_{Z5} = G_{np} \\ R_{Z4}l_{12} + R_{Z5}l_{13} = G_{np}l_{1C} \\ (l_{12} - l_{13})R_{Z.ccy} + l_{13}R_{Z4} - l_{12}R_{Z5} = 0 \end{cases}$$

为了确定牵引车轴上的静载荷，必须考虑在半挂车施加载荷 $R_{Z.ccy}$ 后牵引车的重心位移 x（图 13.1）。位移 x 的大小由以下公式确定：

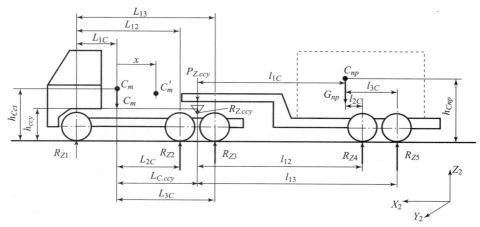

图 13.1　牵引列车计算图

C_m，C_{np}—牵引车和半挂车的重心；C'_m—半挂车的重心偏移；x—半挂车重心的位移；L_{13}—牵引车的轮距；L_{12}—牵引车的第一轴到第二轴的距离；L_{1C}，L_{2C}，L_{3C}—牵引车重心分别到第一，第二和第三轴的距离；l_{1C}—从半挂车重心到五轮联轴器的距离；l_{2C}，l_{3C}—从重心到半挂车第二和第三轴的距离；h_{Cm}，h_{Cnp}—牵引车和半挂车的质心高度；l_{12}，l_{23}—半挂车第一轴到第二和第三轴的距离；h_{ccy}—标准坐标系下五轮联轴器的高度；$L_{C.ccy}$—从牵引机质心到五轮联轴器的距离；R_{zi}—列车第 i 轴的车轮下的作用力；$P_{Z.ccy}$—五轮联轴器上的载荷；G_m，G_{np}—牵引车和半挂车的重量

$$x = \frac{P_{Z.ccy}}{G_m + P_{Z.ccy}} L_{C.ccy}$$

之后，对于拖拉机重心的新位置，根据公式（1.14），可以确定拖拉机车轴上的静载荷。

将五轮联轴器看成球铰形式，其中作用力为 $R_{X2.ccy}$，$R_{Y2.ccy}$ 和 $R_{Z2.ccy}$ 和摩擦力矩。则连接节点处的作用力如图 13.2 所示。

我们通过由于位移 Δ_X，Δ_Y，Δ_Z 和其的一阶导数 $\dot{\Delta}_X$，$\dot{\Delta}_Y$，$\dot{\Delta}_Z$ 在 $OXYZ$ 坐标系各轴的投影在五轮联轴器上产生的弹性阻尼力对五轮联轴器进行建模。第五轮联轴器的工作将通过 SSU 中产生的弹性阻尼力建模。然后计算在 CCY 上的力 $R_{ccy} = [R_{X2.ccy}; R_{Y2.ccy}; R_{Z2.ccy}]$：

$$R_{X2.ccy} = R_{X2.ccy}^{ynp} + R_{X2.ccy}^{демп} = C_{XY} \cdot \Delta_X + \mu_F \frac{d\Delta_X}{dt}$$

$$R_{Y2.ccy} = R_{Y2.ccy}^{ynp} + R_{Y2.ccy}^{демп} = C_{XY} \cdot \Delta_Y + \mu_F \frac{d\Delta_Y}{dt}$$

$$R_{Z2.ccy} = R_{Z2.ccy}^{ynp} + R_{Z2.ccy}^{демп} = C_Z \cdot \Delta_Z + \mu_F \frac{d\Delta_Z}{dt}$$

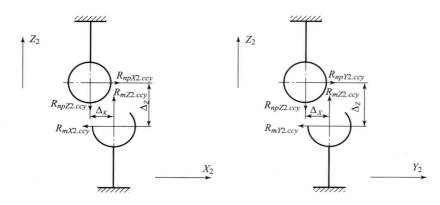

图 13.2 五轮联轴器作用力示意图

$R_{npX2.ccy}$，$R_{npY2.ccy}$，$R_{npZ2.ccy}$—作用在半挂车上的五轮联轴器作用力在各轴上的投影；

$R_{mX2.ccy}$，$R_{mY2.ccy}$，$R_{mZ2.ccy}$—作用在牵引车上的五轮联轴器作用力在各轴上的投影

其中：C_{XY}—联轴器在水平面上的刚度系数；C_Z—联轴器在垂直方向上的刚度系数；μ_F—联轴器的阻尼系数。

CCY 的弹性特性（弹性力和位移量 Δ 的关系）如图 13.3～图 13.5 所示，图 13.3 为水平面的弹性特性，图 13.4 为垂直方向的弹性特性，图 13.5 为阻尼特性（速度变化量和阻尼力的关系）。

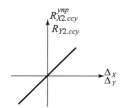 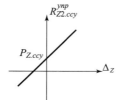 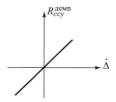

图 13.3 CCY 在水平面的弹性特性

$R^{ynp}_{X2.ccy}$，$R^{ynp}_{Y2.ccy}$ - CCY 的弹性应力分量在 X 和 Y 轴方向上的投影；Δ_X，Δ_Y - CCY 沿 X 和 Y 轴上的变形投影

图 13.4 CCY 在垂直方向上的弹性特性

$R^{ynp}_{Z2.ccy}$ - CCY 的弹性应力分量沿 Z_2 轴的投影；Δ_X，Δ_Y - CCY 沿 X 和 Y 轴的形变；$P_{Z.ccy}$ - 五轮联轴器上的载荷

图 13.5 CCY 在各个方向的阻尼特性

$R^{демп}_{ccy}$ - CCY 的形变应力分量；$\dot{\Delta}$ - CCY 的变形速度

应力 R_{ccy} 在和牵引车或半挂车固连的可移动坐标系上的投影由以下关系确定：

$$R_{m.ccy} = \boldsymbol{B}_m^T R_{ccy}$$

$$R_{np.ccy} = -\boldsymbol{B}_{np}^T R_{ccy}$$

其中 $\boldsymbol{B}_m^T$，$\boldsymbol{B}_{np}^T$——牵引车和拖车的方向余弦的转置方阵。

然后基于控制系统（7.8）可以得出牵引车（13.1）和半挂车（13.2）的一般运动方程：

$$\begin{cases} (m_m + 2N_m m_{km}) \dfrac{dV_{Cxm}}{dt} + (m_m + 2N_m m_{km})(\omega_{ym} V_{Czm} - \omega_{zm} V_{Cym}) \\ \quad = G_{xm} + F_{xm} + \sum\limits_{i=1}^{2N_m} R_{im}^x + R_{mX_2ccy} \\ (m_m + 2N_m m_{km}) \dfrac{dV_{Cym}}{dt} + (m_m + 2N_m m_{km})(\omega_{zm} V_{Cxm} - \omega_{xkm} V_{Czm}) \\ \quad = G_{ym} + F_{ym} + \sum\limits_{i=1}^{2N_m} R_{im}^y + R_{mY_2ccy} \\ m_m \dfrac{dV_{Czm}}{dt} + m_m(\omega_{xkm} V_{Cym} - \omega_{ym} V_{Cxm}) = G_{zm} + F_{zm} + \sum\limits_{i=1}^{2N_m} P_{im}^z + R_{mZ_2ccy} \\ I_{xm} \dfrac{d\omega_{xm}}{dt} + \omega_{ym}\omega_{zm}(I_{zm} - I_{ym}) = M_{xm}(F) + \sum\limits_{i=1}^{2N_m} M_{xm}[P_{im}] + R_{mY_2ccy}(h_{cm} - h_{ccy}) \\ I_{ym} \dfrac{d\omega_{ym}}{dt} + \omega_{zm}\omega_{xm}(I_{xm} - I_{zm}) \\ \quad = M_{ym}(F) + \sum\limits_{i=1}^{2N_m} M_{ym}[P_{im}] + R_{mZ_2ccy} L_{cccy} + R_{mX_2ccy}(h_{cm} - h_{ccy}) \\ I_{zm} \dfrac{d\omega_{zm}}{dt} + \omega_{xm}\omega_{ym}(I_{ym} - I_{xm}) = M_{zm}(F) + \sum\limits_{i=1}^{2N_m} M_{zm}[R_{im}] + \sum\limits_{i=1}^{2N_m} M_{nkim} + R_{mY_2ccy} L_{cccy} \end{cases}$$

(13.1)

$$\begin{cases} (m_{np} + 2N_{np} m_{knp}) \dfrac{dV_{Cxnp}}{dt} + (m_{np} + 2N_{np} m_{knp})(\omega_{ynp} V_{Cznp} - \omega_{znp} V_{Cynp}) \\ \quad = G_{xnp} + F_{xnp} + \sum\limits_{i=1}^{2N_{np}} R_{inp}^x + R_{npX_2ccy} \\ (m_{np} + 2N_{np} m_{knp}) \dfrac{dV_{Cynp}}{dt} + (m_{np} + 2N_{np} m_{knp})(\omega_{znp} V_{Cxnp} - \omega_{xknp} V_{Cznp}) \\ \quad = G_{ynp} + F_{ynp} + \sum\limits_{i=1}^{2N_{np}} R_{inp}^y + R_{npY_2ccy} \\ m_{np} \dfrac{dV_{Cznp}}{dt} + m_{np}(\omega_{xknp} V_{Cynp} - \omega_{ynp} V_{Cxnp}) = G_{znp} + F_{znp} + \sum\limits_{i=1}^{2N_{np}} P_{inp}^z + R_{npZ_2ccy} \end{cases}$$

$$\begin{cases} I_{xnp}\dfrac{d\omega_{xnp}}{dt} + \omega_{ynp}\omega_{znp}(I_{znp} - I_{ynp}) = M_{xnp}(F) + \sum_{i=1}^{2N_{np}} M_{xnp}[P_{inp}] + R_{npY_2ccy}(h_{cnp} - h_{ccy}) \\ I_{ynp}\dfrac{d\omega_{ynp}}{dt} + \omega_{znp}\omega_{xnp}(I_{xnp} - I_{znp}) \\ \quad = M_{ynp}(F) + \sum_{i=1}^{2N_{np}} M_{ynp}[P_{inp}] + R_{npZ_2ccy}l_{1c} + R_{npX_2ccy}(h_{cnp} - h_{ccy}) \\ I_{znp}\dfrac{d\omega_{znp}}{dt} + \omega_{xnp}\omega_{ynp}(I_{ynp} - I_{xnp}) \\ \quad = M_{znp}(F) + \sum_{i=1}^{2N_{np}} M_{znp}[R_{inp}] + \sum_{i=1}^{2N_{np}} M_{nkinp} + R_{npY_2ccy}l_{1c} \end{cases}$$

(13.2)

这里"m"指的是牵引机,"np"指的是半挂车。

13.2 MATLAB/SIMULINK 环境中均匀不可变形路面下列车曲线运动的数学建模

源数据文件的内容如下。

```
g=9.81;
%双轴半挂车
N_most_p=2;
m_mp=120;%桥的质量,kg
m_kp=20;%半挂车车轮质量,kg
J_mp=210;%桥的惯性矩
Mp=25,000;%半挂车簧载质量,kg
l_scp=4.9;%从半挂车质心到挂钩的距离,m
l1p=-4.5;%从半挂车质心到第一个轴的距离,m
l2p=-5.5;%从半挂车质心到第二个轴的距离,m
A=[1 1 1;
   0 (l_scp+abs(l1p)) (l_scp+abs(l2p));
   (abs(l1p)-abs(l2p)) (l_scp+abs(l2p))-(l_scp+abs(l1p))];
b=[Mp*g;Mp*g*l_scp;0];
```

```
R = A \b;
R_sc = R(1);%拖车挂钩上的载荷,N
R_p1 = R(2)/2;%半挂车的第一个轴悬架上的静态载荷,N
R_p2 = R(3)/2;%半挂车的第二个轴悬架上的静态载荷,N
Rk_p1 = R_p1 + m_mp*g/2;%半挂车车轮上的静态载荷,N
Rk_p2 = R_p2 + m_mp*g/2;%半挂车车轮上的静态载荷,N
I_yp = 7500;%车身相对于纵轴的惯性矩,kg·m²
I_xp = 3000;%车身相对于横轴的惯性矩,kg·m²
I_zp = 10,000;%车身相对于垂直轴的惯性矩,kg·m²
rk_p = 0.4;%车轮半径,m
Jz_p = m_kp*rk_p*rk_p/2;%车轮相对于旋转轴的惯性矩,kg·m²
h_p_max_p = 0.2;%悬架最大偏转,m
hp_sh_max = 0.06;%轮胎最大偏差,m
Bp = 2.5;%轮距,m
B1p = 0.8*Bp;%弹簧间距,m
Z_pp = -1.3;%悬架固定点相对于质心的垂直坐标,m
Rp1p = [l1p B1p/2 Z_pp];%第一个悬架的连接点的矢量半径
Rp2p = [l2p B1p/2 Z_pp];%第二个悬架的连接点的矢量半径
Rp3p = [l1p -B1p/2 Z_pp];%第三个悬架的连接点的矢量半径
Rp4p = [l2p -B1p/2 Z_pp];%第四个悬架的连接点的矢量半径

%悬架特性
hp_p = [-0.5 0 h_p_max_p/2 h_p_max_p 1.2*h_p_max_p];%悬架偏转量,m
P_p_p_1 = [-10*R_p1 0 R_p1 2.5*R_p1 10*R_p1];%前轴悬架的弹性力,N
P_p_p_2 = [-10*R_p2 0 R_p2 2.5*R_p2 10*R_p2];%后轴悬架的弹性力,N
htp_p = [-1 0 1 2];%悬架偏转速度,m/s
P_p_p_d = [-40000 0 40000 1.1*40000];%悬架阻尼力,N

%轮胎特性
c_sh_p = 1e6;%轮胎刚度,N/m
hp_k = [-0.5 0 hp_sh_max/2 hp_sh_max 1.2* hp_sh_max];%轮胎偏转,m
P_k_p_1 = [0 0 Rk_p1 Rk_p1 + c_sh_p*hp_sh_max/2 1000000];%前轴轮胎的弹性力,N
P_k_p_2 = [0 0 Rk_p2 Rk_p2 + c_sh_p*hp_sh_max/2 1000000];%后轴
```

轮胎的弹性力,N
    ht_k_p=[0 1];%轮胎偏转速度,m/s
    Pp_k_d=[0 15000];%轮胎阻尼力,N

%牵引车
N_most=3;
M=18,600;%车辆的簧载重量,kg
I_y=56892;%车身相对于横轴的惯性距,kg·m²
I_x=19238;%车身相对于纵轴的惯性距,kg·m²
I_z=40000;%车身相对于垂直轴的惯性距,kg·m²
J_m=190;%桥的惯性矩
m_m=150;%桥质量
rk=0.4;%车轮半径,m
m_k=20;%轮重,kg
Jz=m_k*rk*rk/2;%车轮相对于旋转轴的惯性矩,kg·m²
h_p_max=0.4;%悬架最大偏移量,m
h_sh_max=0.06;%轮胎的最大偏移,m
B=2.5;%轮距,m
B1=0.8*B;%弹簧间距,m
i_gp=4.5;%主传动比
Jd=13;%发动机旋转部件传递至曲轴的惯性距,kg·m²
l1=3;%第一轴相对于车身质心的纵坐标,m
Lb=-1.6;%从车身质心到平衡杆轴线的距离
l_sc=Lb;%啮合点相对于牵引车车身质心的纵坐标,m
l_b=1;%平衡杆长度
l12=l1-Lb-l_b/2;%从第一轴到第二轴的距离
l13=l1-lb+l_b/2;%从第一轴到第三轴的距离
L=l13;%轴距
l2=lb+l_b/2;%从车身质心到第二轴的距离
l3=Lb-l_b/2;%从车身质心到第三轴的距离
Z_p0=-0.1;
Rp1=[l1 B1/2 Z_p0];
Rp2=[l2 B1/2 Z_p0];
Rp3=[l3 B1/2 Z_p0];

```
Rp4 = [l1 -B1/2 Z_p0];
Rp5 = [l2 -B1/2 Z_p0];
Rp6 = [l3 -B1/2 Z_p0];
R_vod = [0.8*l1 0.9*B/2 0.0];
x = R_sc*abs(Lb)/(M*g+R_sc);%由于CCY上的垂直载荷导致的牵引机质心向后轴移动距离
Rp_1 = (M*g+R_sc)*(abs(Lb)-x)/2/(l1-Lb);%前轴轮悬架轮上的静载荷,N
Rp_2 = 0.5*(M*g+R_sc)-Rp_1;%后轴轮悬架轮上的静载荷,N
Rk1 = Rp_1+m_m*g/2;%前轴车轮上的静载荷,N
Rk2 = Rp_2/2+m_m*g/2;%后轴车轮上的静载荷,N
%悬架特性
h_p = [-0.5 0 h_p_max/2 h_p_max 1.2*h_p_max];%悬架挠度,m
P_p_1 = [-10*Rp_1 0 Rp_1 2.5*Rp_1 10*Rp_1];%前轴悬架的弹性力,N
P_p_2 = [-10*Rp_2/2 0 Rp_2/2 2.5*Rp_2/2 10*Rp_2/2];%后轴悬架的弹性力,N
ht_p = [-1 0 1 2];%悬浮液偏转速度,m/s
P_p_d = [-40000 0 40000 1.1*40000];%悬架阻尼力,N
%轮胎特性
c_sh = 1e6;%轮胎刚度%,N/m
h_k = [-0.5 0 h_sh_max/2 h_sh_max 1.2*h_sh_max];%轮胎偏转,m
P_k_1 = [0 0 Rk1 3*Rk1 100000];%前轴轮胎的弹性力,N
P_k_2 = [0 0 Rk2 3*Rk2 100000];%后桥轮胎的弹性力,N
ht_k = [0 1];%轮胎偏转速度,m/s
P_k_d = [0155];%轮胎阻尼力,N
%平衡器轴的弹性特性
fi_bal = [-15*pi/180 -10*pi/180 0 10*pi/180 15*pi/180];
M_y_b = [-100*Rp_2*l_b/2 -0.5*Rp_2*l_b/2 0 0.5*Rp_2*l_b/2 100*Rp_2*l_b/2];
%平衡器轴的阻尼特性
fit_bal = [0 5*pi/180];
M_d_b = [0 1000];
```

```
%连接器特性
H_cm_t = rk - Z_p0 + h_p_max/2;%牵引机质心高度
H_cm_p = rk_p - Z_pp + h_p_max_p/2;%拖车质心高度
z_sc = H_cm_t;%连接器高度
Rp_sc = [l_scp 0 z_sc - H_cm_p];%在半挂车坐标系中连接器的矢量半径
Rt_sc = [l_sc 0 z_sc - H_cm_t];%在牵引车车坐标系中连接器的矢量半径
R_s_z = R_sc;%连接器的垂直静态载荷
r_sc_xy = [0 1e - 4];
r_sc_z = [-1e - 4 0 1e - 4];%牵引车的坐标高于拖车的坐标 - 拖车上的力方向向上
R_xy_y = [0 200000];%水平面上连接器的弹性特性
R_z_ypr = [R_s_z - 200000000 R_s_z R_s_z + 200000000];%连接器弹性特性在 Z 轴上的投影
r_sc_d = [-1 0 1];
R_sc_d = [-300000000 0 300000000];%各方向的挂接阻尼特性

%支撑表面
f = 0.01;
S0 = 0.05;
S1 = 0.1;
mux_max = 0.6;
muy_max = 0.6;
fi_max_x = mux_max;
fi_max_y = muy_max;

%拖拉机的初始条件
P_c2_0 = [0;0;H_cm_t];
psi_0 = 0;
fi_0 = 0;
teta_0 = 0;
V_c0_0 = [7/3.6;0;0];
wk_0 = V_c0_0(1)/rk;
omega_c0_0 = [0;0;0];

%拖车的初始条件
```

```
P_c2p_0 = [l_sc - l_scp;0;H_cm_p];
wk_p = V_c0_0(1)/rk_p;
R_sc_0 = [l_sc;0;z_sc];%在坐标系中的啮合位置
```

模拟车轮运动的软件模块和图 8.1 所示的相似。

用于求解移动坐标系中牵引车和半挂车相对于 X, Y, Z 轴的平移运动的微分方程的程序模块见图 13.6 和图 13.7。

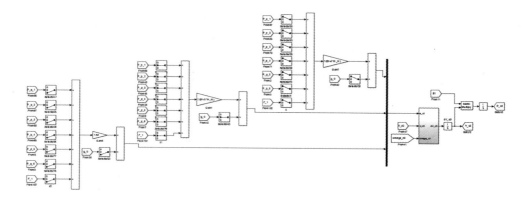

图 13.6　用于求解移动坐标系中牵引车相对于 X, Y, Z 轴的平移运动的微分方程的程序模块

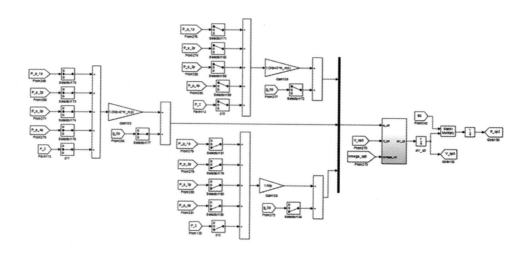

图 13.7　用于求解移动坐标系中半挂车相对于 X, Y, Z 轴的平移运动的微分方程的程序模块

用于求解移动坐标系中牵引车相对于 X，Y，Z 轴的旋转运动的微分方程的程序模块如图 13.8 所示。同样，对于半挂车见图 13.9。

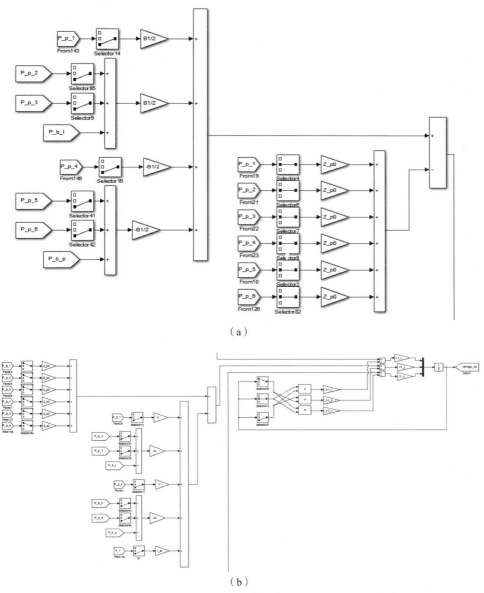

图 13.8　用于求解移动坐标系中牵引车相对于 X，Y，Z 轴的
旋转运动的微分方程的程序模块
（a）X 轴；（b）Y 轴

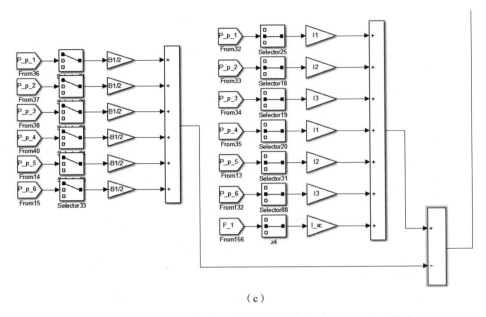

(c)

图 13.8 用于求解移动坐标系中牵引车相对于 X,Y,Z 轴的旋转运动的微分方程的程序模块（续）

(c) Z 轴

用来确定连接器在移动坐标系中坐标的程序模块如图所示，图 13.10（a）牵引机，图 13.10（b）半挂车。

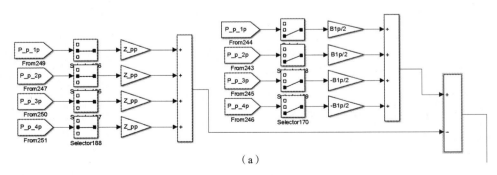

(a)

图 13.9 用于求解移动坐标系中半挂车相对于 X,Y,Z 轴的旋转运动的微分方程的程序模块

(a) X 轴

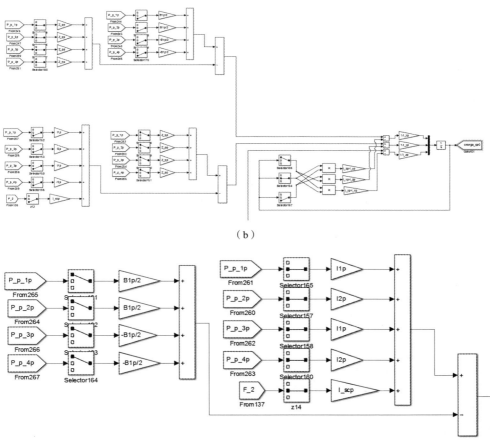

图 13.9 用于求解移动坐标系中半挂车相对于 X，Y，Z 轴的旋转运动的微分方程的程序模块（续）

(b) Y 轴；(c) Z 轴

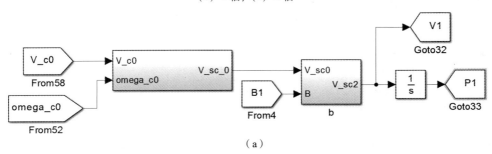

图 13.10 用来确定连接器在移动坐标系中坐标的程序模块

(a) 牵引机

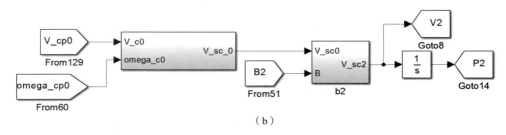

(b)

图 13.10　用来确定连接器在移动坐标系中坐标的程序模块（续）

(b) 半挂车

用来确定五轮联轴器的应力的程序模块如图 13.11 所示。

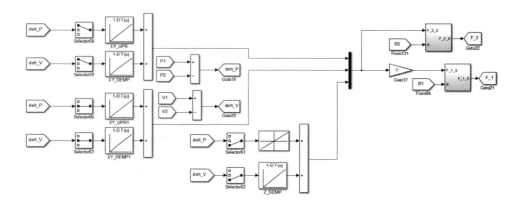

图 13.11　用来确定五轮联轴器的应力的程序模块

模拟列车的动画图像如图 13.12 所示（根据计算结果对轮式车辆运动过程的可视化在附录 2 中给出）。

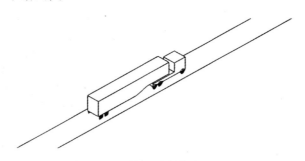

图 13.12　模拟列车的动画图像

自我检测

1. 什么类型的连接用于模拟半挂车和列车的五轮悬挂?
2. 半挂车的支撑数是多少?
3. 列车的五轮悬挂在垂直和水平方向上的弹性负载特性有何不同?

模块三　车辆主动安全系统建模仿真

该模块主要涉及开发、评估车辆主动安全系统的相关系统，包括：防抱死系统（ABS），防滑系统（ASR）和动态稳定系统。然后讨论了如何建立主动安全系统的数学模型，并通过程序模块进行仿真示例。

关键词：车辆主动安全；防抱死系统，牵引力控制系统，动态稳定系统。

预计的学习成果

模块三的学习目标（学习任务）

完成"车辆主动安全系统建模仿真"模块的学习后，您将会掌握：
（1）开发轮式车辆主动安全系统的数学模型；
（2）研究主动安全系统对轮式车辆稳定性和操控性的影响。

模块三的学习按排：

第1周：防滑和防抱死系统的数学建模。

第2周：对有防抱死系统的车辆冰上制动过程进行建模仿真。

第3周：对有防滑系统的车辆的加速过程进行建模仿真。

第4周：对有动态稳定系统的车辆的曲线运动过程进行建模仿真。讨论模糊逻辑方法在动态稳定系统的算法构建中的应用。

第5周：对有动态稳定系统的车辆冰上转向过程进行建模仿真。

第6周：完成书面作业及模块学习评估。

自学任务

（1）对主动安全系统的相关应用进行文献分析，包括：ABS，ASR 和动态稳定系统。

（2）对轮式车辆主动安全系统的多种算法进行研究，并进行对比分析。

（3）在车辆使用其他运动稳定性提升方法的前提下，对动力稳定系统的工作进行对比分析。例如：与具有自锁差速器的传动系统一起工作。

14

车辆主动安全系统的数学模型

轮式车辆主动安全系统的主要功能是规避紧急情况下的风险。当出现紧急情况时，系统将独立地（在没有驾驶员参与的情况下）评估可能的危险性，并且在必要的情况下，通过主动干预车辆的控制过程来规避风险。

在各种危急情况下，使用主动安全系统来保持对车辆的控制，即保证方向稳定性和可操控性。

主动安全系统及其功能算法的多样性使得我们有理由得出如下结论：建议对配有这些系统的轮式车辆进行仿真建模，以便在各种道路条件下进行机动时，确定其工作的有效性。

14.1 制动器防抱死系统的模型

在紧急制动的情况下，可能会锁死一个或多个车轮。在这种情况下，车轮与路面间的附着力储备全部用于产生纵向力。在没有侧向力的情况下，车辆会沿原有轨迹，在路面上滑动。但是汽车失去了可操控性，最轻微的侧面碰撞都会导致车辆侧滑。

防抱死系统是用于防止车轮在制动时完全抱死，并保持车辆的可操控性。该系统不会缩短制动距离，但会提升在不同路面的制动性能。其中最有效的是可以单独调节各车轮滑移的 ABS 制动器。通过单独调节，可以根据路况获得最佳制动扭矩，从而获得最小制动距离。

由于本书的任务不是对 ABS 的实际算法进行分析，我们将在范例中讨论 ABS 对制动期间车辆运动稳定性的影响。在 ABS 起作用的情况下，第 i 个车轮上的制动力矩 T_i^{ABS} 将通过以下公式计算得到：

$$\begin{cases} T_i^{\text{ABS}} = \dfrac{\omega_{\text{к}i} r_k}{V_{KX_0}} M_{Ti}, & \text{当 } V_{KX_0} \neq 0; \\ T_i^{\text{ABS}} = 0, & \text{当 } V_{KX_0} = 0. \end{cases}$$

其中：M_{Ti}——车轮制动器可产生的最大制动力矩；V_{KX_0}——移动坐标系中车轮中心的速度。

使用 MatlabFunction 模块（图 14.1）。对 ABS 的实际工作算法进行模拟。

输入信号：
- w - 车轮的角速度，rad/s；
- Vx - 移动坐标系中车轮中心的纵向速度。

输出信号：
- y - 车轮制动器产生的制动力矩的缩减系数。

实现 ABS 算法的程序代码如下所示。

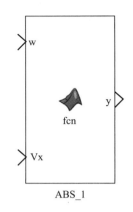

图 14.1　Matlab Function 模块模拟 ABS 算法

```
function y = fcn(w,Vx)
%#codegen
rk_sv = 0.5;
u = 0;
if Vx > 0
    u = w*rk_sv/Vx;
end
y = u;
```

在图 14.2 中给出了集成了 ABS 模块的轮地耦合模型。

在图 14.2 的 Tormoz1 模块定义了恒定的制动力矩，在 SignalBuilder 模块中定义了制动力矩随时间的变化规律（图 14.3）。

为了演示上述 ABS 算法，我们设定双轴后驱车辆在干燥沥青路面上以 100 km/h 的初速度进行制动（所用的运动数学模型参见第 7 章，机械传动系见 9.2 节）。

在图 14.4 中显示了没有 ABS 时制动后车辆质心的速度变化曲线。在图 14.5 中显示了，无 ABS 制动时左后轮的角速度，图 14.6 和图 14.7 分别为 ABS 工作时，上述速度变化曲线。

从图中可以清楚地看出，在没有 ABS 作用的情况下，车轮在制动的第一秒后被锁死，制动过程本身需要 4.3 秒。使用 ABS 时车轮不会被锁死，即汽车保持可操控性，制动过程用时基本不变。

14 车辆主动安全系统的数学模型 ■ 165

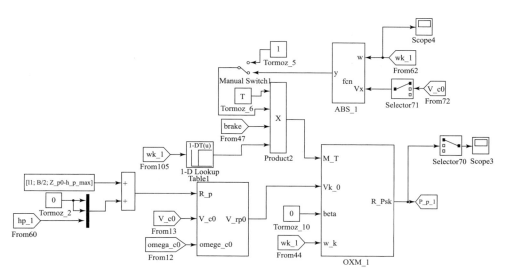

图 14.2 集成了 ABS 模块的轮地耦合模型

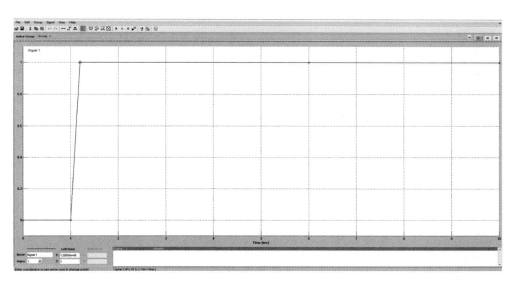

图 14.3 制动力矩随时间变化图

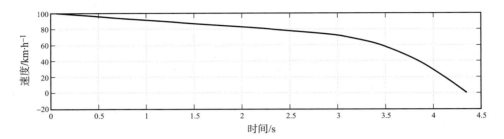

图 14.4 ABS 不工作时制动后车辆质心的速度变化曲线

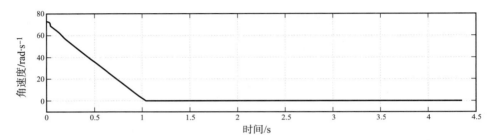

图 14.5 ABS 不工作时制动后左后轮的角速度变化曲线

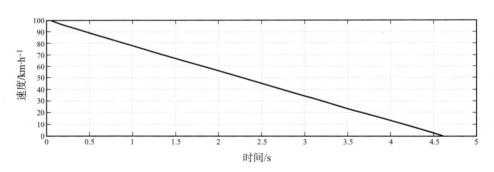

图 14.6 ABS 工作时车辆质心的速度变化曲线

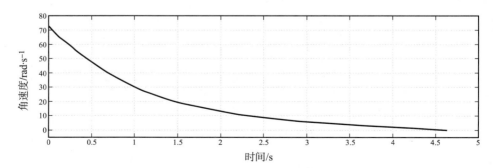

图 14.7 ABS 工作时左后轮的角速度变化曲线

14.2 牵引力控制系统模型

牵引力控制系统是在 ABS 的基础上构建的旨在控制车轮滑转的主动安全系统。该系统在车辆运行的所有速度范围内，控制车轮的滑转。

（1）低速（从 0 到 80 km/h）状态下对驱动轮进行微量制动，从而改变车轮上的力矩；

（2）在速度超过 80 km/h 时，通过减小从发动机传递的扭矩来调节车轮上的力矩。

基于车轮角速度传感器的信号，牵引力控制系统可以确定以下特征：

（1）车辆行驶速度（由非驱动轮的角速度确定）；

（2）车辆的运动特征：直线或曲线运动（基于非驱动轮的角速度的比较）；

（3）驱动轮的滑转（基于驱动轮和非驱动轮的角速度的差异）。

根据当前的特征，控制制动压力或控制发动机扭矩。

为了模拟双轴后驱车辆的牵引力控制系统，以下面的形式重写方程组（9.4）：

$$\begin{cases} J_к \dot{\omega}_{к1} = -M_1 \\ J_к \dot{\omega}_{к2} = \dfrac{M_{сц}}{2} i_{кп} i_{гп} - M_2 - (1-u_2) k_2 T \\ J_к \dot{\omega}_{к3} = -M_3 \\ J_к \dot{\omega}_{к4} = \dfrac{M_{сц}}{2} i_{кп} i_{гп} - M_4 - (1-u_4) k_4 T \\ \dot{\omega}_{кп} = i_{гп} i_{кп} \dfrac{\dot{\omega}_{к2} + \dot{\omega}_{к4}}{2} \\ J_{\partial} \dot{\omega}_{дв} = h_{dr} h_{pbs} M_{дв} - M_{сц} \end{cases}$$

其中：u_2，u_4 分别为第二和第四轮的控制信号；k_2，k_4 是校正系数，用于在曲线运动期间对制动力矩进行重新分配；h_{pbs} 为动力机构功率的降低程度；T 为车轮制动机构所能实现的最大制动力矩。

控制信号 u_2 和 u_4 将通过以下方程计算：

$$\begin{cases} u_{2,4} = \dfrac{0.5(\omega_{к1} + \omega_{к3})}{\omega_{к2,4}}, \ npu \ \omega_{к2,4} \neq 0; \ \omega_{к2,4} > 0.5(\omega_{к1} + \omega_{к3}) \\ u_{2,4} = 1, \ npu \ \omega_{к2,4} \leq 0.5(\omega_{к1} + \omega_{к3}) \end{cases}$$

我们将基于以下方法确定校正系数 k_2 和 k_4：在曲线运动时，滑转驱动轮上的制动扭矩按非驱动轴车轮的角速度值成比例地进行重新分配：

$$k_2 = \frac{\omega_{к3}}{\omega_{к1}}; \quad k_4 = \frac{\omega_{к1}}{\omega_{к3}}$$

为了计算从发动机到驱动轮的扭矩减小比例，我们将在考虑牵引力控制系统工作的前提下，计算燃料供应控制单元的位置 h_{pbs}：

$$\begin{cases} h_{pbs} = u_2 u_4, & \text{при } v \geqslant 80 \, \dfrac{\text{км}}{\text{ч}} \\ h_{pbs} = 1, & \text{при } v < 80 \, \dfrac{\text{км}}{\text{ч}} \end{cases}$$

其中：v 表示车速。

为了在程序中模拟牵引力控制系统，我们将使用图 14.8 所示的程序模块。

输入信号：

- W1，W3：第一和第三轮的角速度，rad/s；
- W_SV：驱动轮的角速度，rad/s。

输出信号：

- y：分配到驱动轮的驱动力矩的缩减程序。

适用于第二轮的牵引力控制系统的程序代码如下所示：

```
function y = fcn(w_sv,w1,w3)
%#codegen
u = 1;
k = w3/w1;
w = (w1 + w3)/2;
if w_sv > 0 && w_sv > w
    u = w/w_sv;
end
y = [u;k];
```

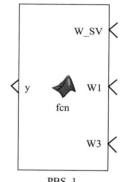

图 14.8 Matlab Function 模块中模拟牵引力控制系统

接下来看模拟 4×2 后驱车辆的传动系统工作的程序模块（图 14.9）。

输入变量：

- M_1 ~ M_4：车轮的阻力矩，Nm；
- i_kp：变速箱的传动比；
- M_d：发动机曲轴上的扭矩，Nm；
- M_sc：离合器输出的扭矩，Nm；

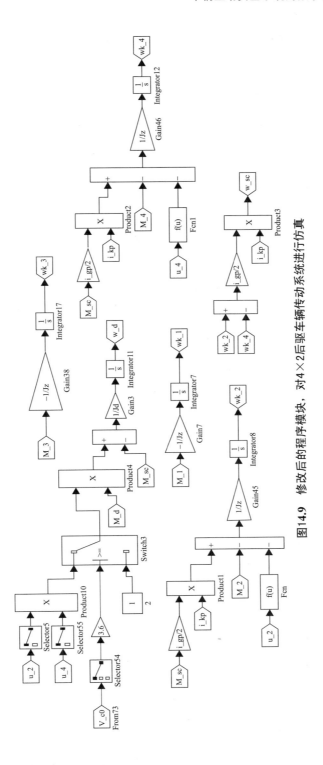

图14.9 修改后的程序模块，对4×2后驱车辆传动系统进行仿真

- u_2，u_4：控制信号；
- V_c0：车辆质心的速度，m/s。

输出变量：
- wk_1～w_k4：车轮的角速度，rad/s；
- w_d：发动机曲轴的角速度，rad/s；
- w_sc：变速箱输入轴的旋转速度，rad/s。

我们将研究牵引力控制系统（ARS）在平坦支撑表面（如干燥冰面）加速时的工作表现。在源数据文件中设置全滑动时的附着系数：

```
mux_max = 0.15;%在 X 轴方向的全滑动时附着系数
muy_max = 0.15;%在 Y 轴方向的全滑动时附着系数
```

在本例中，我们将后驱双轴车辆（数学模型见第七章）置于冰面，并在完全踩下油门的情况下进行分析。图 14.10～图 14.12 分别为 ARS 不工作时加速过程中的质心速度、车轮角速度及航向角曲线，图 14.13～图 14.15 为 ARS 参与工作时的上述曲线。

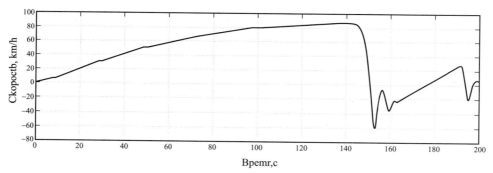

图 14.10　ARS 不工作时，加速过程中车辆的质心速度

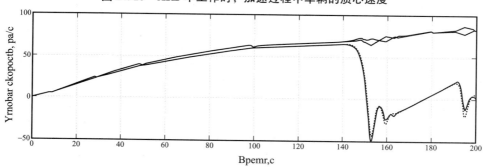

图 14.11　ARS 不工作时，加速过程中车轮的角速度

实线—驱动轮，虚线⋯从动轮

14 车辆主动安全系统的数学模型　　171

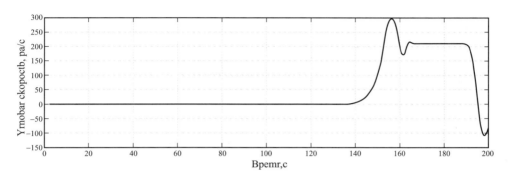

图 14.12　ARS 不工作时，加速过程中的航向角

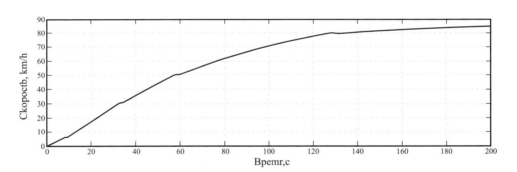

图 14.13　ARS 工作时，加速过程中车辆质心速度

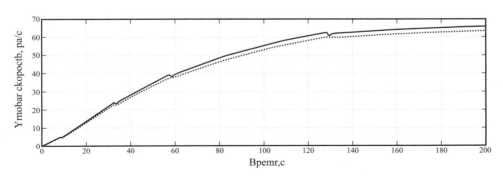

图 14.14　ARS 工作时，加速过程中车轮的角速度

实线—驱动轮，虚线----从动轮

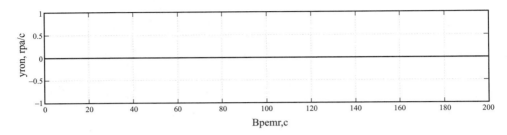

图 14.15　ARS 工作时，加速过程中的航向角

从图中可以清楚地看出，当在没有 ARS 参与的情况下，在冰上加速时，后驱车辆会失去其方向稳定性（后轴打滑而开始旋转），车轮的角速度有显著差异。当有 ARS 参与时，系统会自动限制运动速度，同时完全保持方向稳定性，并且各车轮的角速度几乎相同。

14.3　动态稳定系统的模型

车辆的动态稳定系统的目的是为了防止车辆在机动过程中发生事故，确保车辆不偏离原有运动轨迹，保证车辆的方向稳定性。

一方面，动态稳定系统应该在任何行驶条件下，保证方向盘转角和转向曲率之间的单值对应关系。作用在车轮制动控制的执行装置上，锁死传动系统中的差动连接（可能在将来用于改变转向角），另一方面，在机动时限制车辆速度，调整发动机的燃料供应，改变变速箱的传动比，控制制动控制系统。

在动态稳定系统中信息系统的主要任务是：诊断车辆的运动状态，即根据传感器读数，确定当前数据集，从三种可能状态中判断车辆运动状态：

（1）运动稳定，不需要修正；

（2）前轴打滑，需要修正；

（3）后轴打滑，需要修正。

检测汽车前轴或后轴开始打滑的判据

表征车辆运动动态稳定系统质量的参数是车辆质心的理论速度（$\dot{V}_T$）和实际速度（$\dot{V}_\Phi$）矢量之间的夹角 $\beta = \varTheta_T - \varTheta_\Phi \neq 0$，如图 14.16 所示：

该方法的优点是易于诊断异常情况。然而，由于需要建立观测器或卡尔曼预测滤波器的复杂模型，确定质心的实际速度矢量的方向往往有很大的困难。

显然，用于确定车辆运动参数和计算控制动作的计算程序必须是经济的，即计算所花费的时间应小于规定间隔。

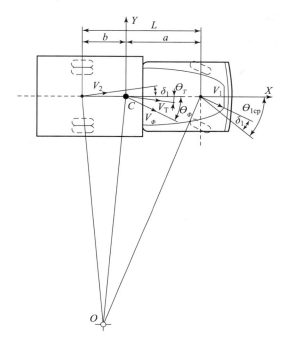

图 14.16　确定轴的偏移角和速度矢量的偏差角的示意图

C—车辆质心；O—瞬时旋转中心；L—轮距；a，b—从质心到车辆前后轴的距离；V_1，V_2—车辆前轴和后轴中心的速度矢量；δ_1，δ_2—车轮相对于车辆前轴和后轴的平均偏转角；V_t，V_f—质心的理论速度矢量和实际速度矢量；Θ_{1cp}—车辆前轴导向轮但是平均转向角

考虑轮式车辆的打滑过程。如果车辆以速度 V_a 移动，以打滑速度为 V_s 开始前轴打滑图 14.17 中 A，或者后轴打滑图 14.17 中 B，将速度 V_a 和 V_s 进行几何叠加，该轴在所得速度 V_P 的方向上移动。由于第二轴仍然以 V_a 的速度移动，这使得车辆绕中心 O 转动并产生离心力 $P_{ц}$ 和惯性力矩 $M_{и}$。因此，汽车各车轴中心的线速度绝对值大致相同时可以认为没有打滑。在打滑的情况下，打滑的轴中心的线速度矢量的模往往大于未打滑轴的线速度矢量的模。这些推断可以扩展用于任何两个点，例如，前轴和后轴的车轮中心点。

为了确定线速度之间的比率，我们考虑双轴车辆相对瞬时中心 O 的"理想"旋转方案（图 14.18）。我们把汽车的质心作为极点（点 C）。然后是前轴中心（A 点）的线速度矢量 V_A 将等于以下矢量之和：牵连速度（点 C 的线速度）V_C 和点 A 相对于极点 C 的相对速度 V_{AC} [图 14.19(a)]。

$$V_A = V_C + V_{AC} \tag{14.1}$$

如果我们考虑"理想"转弯，当汽车的车轮在没有晃动且没有滑动的情况

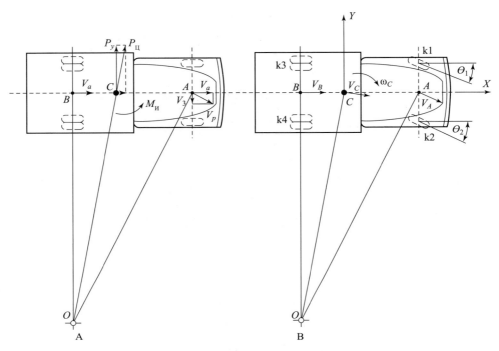

图 14.17 车辆前轴 A 和后轴 B 打滑

C—车辆质心；O—瞬时旋转中心；A，B—分别是车辆前轴和后轴的中心；V_a—车辆的速度矢量；$V_з$—滑移速度矢量；V_p—合成速度矢量；$P_ц$—离心力矢量；$M_и$—惯性矩；P_y—离心力在 Y 轴上的投影

下移动时，我们就可以写出如下关系：

$$|\boldsymbol{V}_A| = \omega_A r_1;$$
$$|\boldsymbol{V}_{AC}| = \omega_C |AC| \quad (14.2)$$

其中：$\omega_A = (\omega_1 + \omega_2)/2$—前轴车轮的平均角速度；$r_1$—车轮的动力半径。

可以为后轴中心 B 点写出相似关系式 [图 14.19（b）]

$$\boldsymbol{V}_B = \boldsymbol{V}_C + \boldsymbol{V}_{BC}; \quad (14.3)$$
$$|\boldsymbol{V}_B| = \omega_B r_2;$$
$$|\boldsymbol{V}_{BC}| = \omega_C |BC|, \quad (14.4)$$

其中：$\omega_B = (\omega_3 + \omega_4)/2$ 为后轴车轮的平均角速度；r_2 是车轮的动力半径。

AC 和 BC 的距离（图 14.18）对于特定的汽车是已知的，并且在运动过程中不会改变。

通过两种方法对线速度 V_C 进行评估，可以检测汽车的前轴或后轴是否开始打滑：首先，通过方程（14.1）和（14.2），我们可以得到 $|V_{C1}|$ 的值，然后通

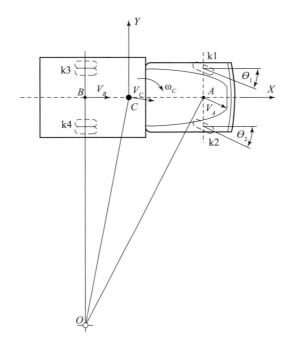

图 14.18 双轴车辆转向简图

K1…K4—车轮编号；C—车辆质心；O—瞬时旋转中心；A，B—车辆前轴和后轴的中心；V_A，V_B，V_C—点 A，B，C 的速度矢量；ω_C—车辆旋转角速度；Θ_1，Θ_2—车辆前轴转向轮的转角

过方程（14.3）和（14.4）可以得到 $|V_{C2}|$ 的值。我们进行合理假设，对于没有打滑的汽车，满足下列条件

$$|V_{C1}| \approx |V_{C2}| \quad (14.5)$$

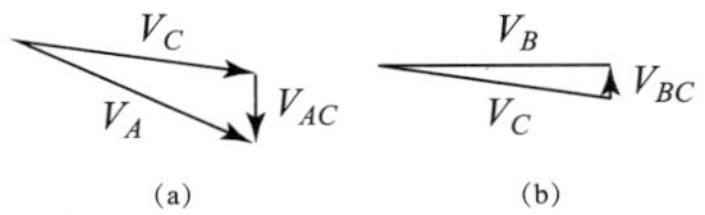

图 14.19 汽车前轴（a）和后轴（b）的中心速度示意图

然后，考虑如下情况

$$|V_{C1}| > |V_{C2}| \quad (14.6)$$

需注意到，对矢量 V_{AC} 和 V_{BC} 进行评估是毋庸置疑的，因为角速度 ω_C 很容易测量，距离 AC 和 BC 恒定不变，则

$$|V_A| > \omega_A r_1 \text{ 且（或）} |V_B| < \omega_B r_2 \quad (14.7)$$

由此，再考虑式（14.6）的情况，可以合理假设

$$|V_A| > |V_B| \quad (14.8)$$

根据之前的结论，我们可认为前轴发生了打滑。

接下来看另一种情况：

$$|V_{C1}| < |V_{C2}| \tag{14.9}$$

根据上述方法进行论证，我们可得出结论

$$|V_A| < |V_B| \tag{14.10}$$

这意味着后轴发生了打滑。

因此，如下特征可作为汽车前轴或后轴是否打滑的判据。如果

$$|\delta_V| = ||V_{C1}| - |V_{C2}|| \leq \Delta V \tag{14.11}$$

则意味着未发生打滑，不需要控制系统作出响应。这里我们引入死区 ΔV，首先，可以作为误差补偿，补偿由忽略车轮侧偏等产生的计算误差，其次，在动态稳定系统运行的过程中，可以避免发生自激振荡。

如果

$$|\delta_V| = |V_{C1}| - |V_{C2}| > \Delta V, \tag{14.12}$$

则可判断为前轴打滑。如果

$$|\delta_V| = |V_{C1}| - |V_{C2}| < -\Delta V, \tag{14.13}$$

则可判断为后轴打滑。

判断汽车运动状态的计算过程

计算式（14.1）~（14.4）在通过车辆质心的 X 轴和 Y 轴上的投影。对于前轴的中心

$$\begin{aligned} |V_{C1X}| &= \omega_A r_1 \cos \Theta_{1cp}, \\ |V_{C1Y}| + \omega_C |AC| &= \omega_A r_1 \sin \Theta_{1cp}, \end{aligned} \tag{14.14}$$

其中：$\Theta_{1cp} = (\Theta_1 + \Theta_2)/2$ 表示前转向轮的平均转角。

对后轴的中心

$$\begin{aligned} |V_{C2X}| &= \omega_B r_2 \\ |V_{C2Y}| - \omega_C |BC| &= 0 \end{aligned} \tag{14.15}$$

然后计算速度矢量 $\vec{V}_{C1}$ 和 $\vec{V}_{C2}$ 的模

$$\begin{aligned} |V_{C1}| &= \sqrt{|V_{C1X}|^2 + |V_{C1Y}|^2} \\ |V_{C2}| &= \sqrt{|V_{C2X}|^2 + |V_{C2Y}|^2} \end{aligned} \tag{14.16}$$

式（14.14）~（14.16）结构相当简单，并且不需要进行繁琐的计算，这表明所提出的方法十分经济。

诊断系统所必需的参数集合及相关待测参数

基于表达式（14.1）~（14.14），可以列出在运动期间要测量的物理量。

（1）汽车车轮的角速度。

（2）车辆相对于穿过其质心的垂直轴的旋转角速度（横摆角速度）。

（3）方向盘转角。

为了在运动过程中进行计算，还需要知道车轮的动力半径，但是这些值很难测量。然而，由于动力半径与静力半径没有显着差异，因此在执行计算时，可以使用静力半径代替且获得足够的计算精度。

即忽略在运动期间，车辆质量变化和轴之间负载的重新分布等因素对上述参数的影响。

系统所需的常量：

（1）AC 和 BC 距离（图4）；

（2）车轮静力半径。

下面从运动的动态稳定角度分析全驱双轴车辆的传动系统。

前轴打滑

为了增强车辆的转向性，需要为后轴的车轮提供更大的扭矩。然而锁死后轴的差速器是没有意义的，因为这会产生转向阻力矩：

$$M_{c2} = \frac{B_\text{к}}{2}(R_{x2} + fR_{z2});$$

其中：$B_\text{к}$—轮矩；R_{x2}—后轴车轮的纵向合反力；R_{z2}—垂直向合反力；f—滚动阻力系数。

转向阻力矩在这种情况下是有害的，因为它和旋转角速度方向相反。

在汽车车轴之间的扭矩重新分配的同时，需要传递给后轴的外侧驱动轮以相对于旋转方向的较大转矩以增加转向性，这时就需要一个可控制不对称差速器。

后轴打滑

为了降低转向性，必须减小后驱动轴的扭矩，将其大部分转移到前轴。同时，锁死前轴差速器以产生一个阻力矩，也就是反转力矩，这有助于稳定车辆运动。

$$M_{c1} = \frac{B_\text{к}}{2}(R_{x1} + fR_{z1});$$

其中：R_{x1}，R_{z1} 分别表示投影在 X 和 Z 轴上的前轴车轮上的合反力。

因此，从稳定性角度来看，机械传动系统的最合理控制方案是带有可断开后轴的 4×4 车辆（图9.5）。

双轴车辆通过后轴驱动轮扭矩重分配建立动稳定力矩

考虑构建一个最优控制器，通过后驱动轴车轮之间的扭矩重新分配，增强具有可断开后轴的 4×4 车辆的方向和轨迹稳定性，为此我们将使用非对称轮间差速器，其不对称系数为：

$$0 < \lambda_a = \frac{M_{зл}}{M_{зп}} < \infty$$

其中：$M_{зл}$ 和 $M_{зп}$ ——传递给车辆后轴对左轮和右轮的扭矩。

选择角度 β 作为相位变量，并求其时间的一阶导数。假设 $\beta \approx \delta$，这样我们可以替换相变量。

根据最优控制器的分析设计理论，创建一个最优控制器，使控制对象逐渐趋向于静止（$\delta \to 0$，$d\delta/dt \to 0$）。令 $\delta_V = x_1$；$dx_1/dt = x_2$。

写出以下状态方程：

$$\begin{cases} \dot{x}_1 = x_2 \\ \dot{x}_2 = -\frac{1}{J}U \end{cases} \tag{14.17}$$

其中：J ——车辆相对于穿过质心的垂直轴 Z 的主惯性矩；U ——相对于同一轴的可控稳定力矩。

根据下式计算参数 U：

$$U = (R_{x1} - R_{x2})\frac{B_к}{2} \tag{14.18}$$

$$R_{x1} = \frac{R_{x\Sigma} + f(G_2 - G_1\lambda_a)}{\lambda_a + 1}$$

$$R_{x2} = \frac{R_{x\Sigma} + f(G_1\lambda_a - G_2)}{\lambda_a + 1} \tag{14.19}$$

其中：$R_{x\Sigma} = R_{x1} + R_{x2}$；$G_1$，$G_2$ ——在汽车的前后轴上分配的重量，$G_1 + G_2 = G_a$ ——汽车总重。

然后由式（14.18）可以得到：

$$U = (R_{x1} - R_{x2})\frac{B_к}{2} = 2fG_a\left(\frac{1}{\lambda_a + 1} - 0.5\right) \tag{14.20}$$

式（14.17）可以用以下形式重写：

$$\begin{cases} \dot{x}_1 = x_2 \\ \dot{x}_2 = -\frac{1}{J}B_к fG_a\left(\frac{1}{\lambda_a + 1} - 0.5\right) \end{cases} \tag{14.21}$$

同样使用参数 δV 作为相变量，写出状态方程（14.17）。U 的表达式可以看成比例微分控制器

$$U = -C_1\delta_V - C_2\dot{\delta}_V；\ C_1 > 0；\ C_2 > 0 \tag{14.22}$$

其中：C_1 和 C_2——基于过渡过程要求确定的系数值。

联立式（14.20）和式（14.22），得到：

$$U = -C_1\delta_V - C_2\dot{\delta}_V = -\frac{1}{J}B_\kappa f G_a\left(\frac{1}{\lambda_a + 1} - 0.5\right)$$

其中：

$$\lambda_a = \frac{1}{\left[\dfrac{C_1\delta_V + C_2\dot{\delta}_V}{B_\kappa f G_a}J + 0.5\right]} - 1 = \frac{1}{K_1\delta_V + K_2\dot{\delta}_V + 0.5} - 1;\ K_1 > 0;\ K_2 > 0 \quad (14.23)$$

因此，在车辆运动控制过程中，通过上述方程来确定不对称系数 λ_a 的值。对于汽车前后轴之间扭矩的重新分配问题，可以使用具有相同意义的 λ_a，并根据系统动态稳定的算法，进行如下计算：

$$0 < \lambda_a = \frac{M_3}{M_n} < \infty$$

其中：M_p 和 M_z——分别为传递给汽车前后轴的扭矩。

双轴车辆运动稳定系统的算法

第一步，确定 δ_V 和 $d\delta_V/dt$ 的值。

第二步，根据式（14.23）确定不对称系数 λ_a 的值。

第三步，计算以下值：

$$a_1 = \frac{\lambda_a}{\lambda_a + 1}$$

$$a_2 = \frac{1}{\lambda_a + 1}$$

其中：a_1，a_2——自发动机传递到前轴和后轴的扭矩所占的百分比。

第四步，确定后轴上扭矩分配给左后轮（h_2）和右后轮（h_4）的百分比。如果发生前轴打滑（$\delta_V = |V_{C1}| - |V_{C2}| > 0$），且车辆向左转（$\Theta > 0$），则

$$h_4 = \max[a_1,\ a_2]$$
$$h_2 = \min[a_1,\ a_2]$$

如果向右转（$\Theta < 0$），那么

$$h_4 = \min[a_1,\ a_2]$$
$$h_2 = \max[a_1,\ a_2]$$

如果发生后轴打滑（$\delta_V = |V_{C1}| - |V_{C2}| < 0$），且向左转（$\Theta > 0$），则

$$h_4 = \min[a_1,\ a_2]$$
$$h_2 = \max[a_1,\ a_2]$$

如果向右转（$\Theta < 0$），那么

$$h_4 = \max[a_1, a_2]$$
$$h_2 = \min[a_1, a_2]$$

第五步，确定是否需要闭锁前轴轮间差速器。如果前轴发生打滑（$\delta_V = |V_{C1}| - |V_{C2}| > 0$），则 b_01 = 1 表示车辆前轴的轮间差速器解锁。如果后轴发生打滑（$\delta_V = |V_{C1}| - |V_{C2}| < 0$），则 b_01 = 0 表示车辆的前轴的轮间差速器闭锁。

动态稳定系统的仿真建模

现在我们来看 4×4 可断开后轴车辆的运动过程仿真程序。

为了求解方程组（9.4），需使用 MATLAB Function 模块，其总视图如图 14.20 所示。

该模块的输入变量是：

- H = [h; h_2; h_4]：传动系统中的相关控制变量组成的向量；

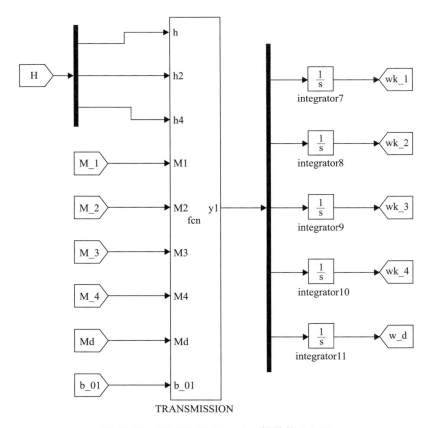

图 14.20　MATLAB Function 模块的总视图

- M_1~M_4：汽车车轮的阻力矩，Nm；
- M_d：发动机曲轴上的扭矩，Nm；
- b_01：用于闭锁前轴轮间差速器的控制信号。

输出变量：
- wk_1~wk_4：汽车车轮的角速度，rad/s；
- w_d：发动机曲轴的角速度。

用于求解方程组（9.4）的程序代码：

```
function y1 = fcn(h, h2, h4, M1, M2, M3, M4, Md, b_01)
%#codegen
rk = 0.4;%车轮角度
mk = 60;%车轮质量,kg
Jk = mk*rk*rk/2;%车轮相对于旋转轴的惯性矩,kg·m²
Jdv = 13;%发动机旋转部件的惯性矩,kg·m²
i_gp = 1;%主减速器传动比
%矩阵A
A = [Jk 0 0 0 0 -i_gp*(1-h)*(1-b_01/2);
     0 Jk 0 0 0 -i_gp*h*h2;
     0 0 Jk 0 0 -i_gp*(1-h)*(1-b_01/2);
     0 0 0 Jk 0 -i_gp*h*h4;
     (1-b_01/2) 0 b_01/2 0 -1/i_gp 0;
     0 0 0 0 Jdv 1];
%矩阵b
b = [-M1-(1-b_01)*M3; -M2; -M3-(1-b_01)*M1; -M4;0;Md];
y = A\b;
y1 = [y(1) y(2) y(3) y(4) y(5)];
```

为了确定诊断参数 δ_V，绘制了图 14.21 所示的程序简图。

输入变量：
- wa：相对于穿过其质心的垂直轴的旋转角速度，rad/s；
- wk_1~wk_4：车轮的角速度，rad/s；
- bet1，bet3：转向轮转动角度，rad；
- l1，l2：从车辆质心到前后轴的距离；
- rk：车轮半径，m。

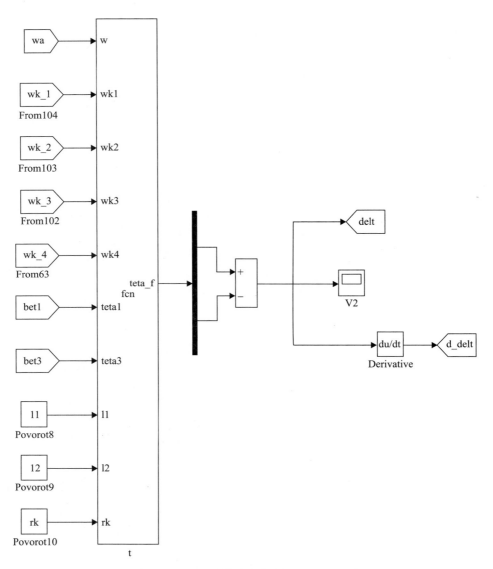

图 14.21 用于计算诊断参数 δ_V 的程序模块

输出变量：
- delt：诊断参数 δ_V；
- d_delt：δ_V 的一阶导数。

用于计算诊断参数 δ_V 的程序代码：

```
function teta_f = fcn(w, wk1, wk2, wk3, wk4, teta1, teta3,
l1, l2, rk)
%#codegen
    w1 = (wk1 + wk3)/2;
    w2 = (wk2 + wk4)/2;
teta = (teta1 + teta3)/2;
vx1 = w1*rk*cos(teta);
vx2 = w2*rk;
vy1 = w1*rk*sin(teta) - w*l1;
vy2 = w*l2;
v1 = sqrt(vx1*vx1 + vy1*vy1);
v2 = sqrt(vx2*vx2 + vy2*vy2);
teta_f = [v1;v2];
```

使用模块 MATLAB Function LAMBDA_1 来计算不对称因子 λ_a，以及系数 h_2，h_4 和 h（图 14.22）。

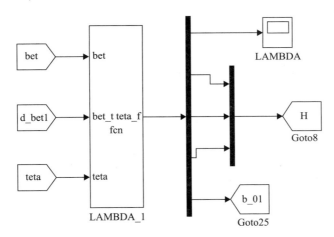

图 14.22 用于计算不对称系数 λ_a 以及系数 h_2，h_4 和 h 的 **Matlab Function** 程序模块

输入变量：
- bet：$\Theta_T \sim \Theta_\varphi$，rad；
- d_bet1：参数 δ_V 的一阶导数，rad/s；
- teta：转向轮的平均旋转角度，rad。

输出变量：

- $H = [h_1; h_2; h_4]$：传动系统中控制相关变量组成的向量。

用于确定向量 $H = [h_1; h_2; h_4]$ 的程序代码如下：

```
function teta_f = fcn(bet,bet_t,teta)
%#codegen
c1 = -0.5;
c2 = -0.5;
b_01 = 1;
if bet < 0
      b_01 = 0;%后轴打滑
end
h4 = 0.5;
h2 = 1 - h4;
%h = 0;
d = (c1*bet + c2*bet_t + 0.5);
if d == 0
    d = 0.0001;
end
lambda = 1/d - 1;
if lambda > 5
    lambda = 5;
end
if lambda < 0
    lambda = 0;
end
h0 = lambda/(lambda + 1);%传递到后轴的力矩百分比
h00 = 1 - h0;
if bet > 0 %前轴打滑
if teta > 0 %左转
      h4 = max(h0,h00);
      h2 = 1 - h4;
end
if teta < 0 %右转
```

```
            h2 = min(h0,h00);
            h4 = 1 - h2;
    end
end
if bet < 0 %后轴打滑
    if teta > 0 %左转
            h2 = max(h0,h00);
            h4 = 1 - h2;
    end
    if teta < 0 %右转
            h4 = min(h0,h00);
            h2 = 1 - h4;
    end
end
teta_f = [lambda;h0;h2;h4;b_01];
```

为了研究有可断开后轴的 4×4 车辆（图 9.5）的动态稳定系统的算法性能和效率，建立整备质量为 1 700 kg 在冰雪表面运动的车辆运动模型。车辆的前轮为转向轮。汽车以 $V=20$ km/h 的初速度行驶，且对油门踏板施加恒定的作用力，在第一秒将转向角从零变为设定值，然后保持不变。

对两种工况进行建模：

（1）进入弯道和转弯时方向盘位置不变。

（2）变换车道。

将两种方案进行比较：方案——具有动态稳定系统及可断开后轴的 4×4 车辆（图 9.5），作为比较，我们使用与上述方案具有相同的惯性和尺寸特性的前轮驱动车辆。

当前轮驱动车辆在冰上完成机动时，可以预见前轴应打滑，这可以通过图 14.23 中的运动轨迹来确认。在图 14.24 中显示的是有动态稳定系统和可断开后轴的 4×4 车辆的冰上运动轨迹。

从图 14.23 中可以看出，在前轴打滑过程中，无动态稳定系统的前驱车辆不能遵循预定的轨迹运动。在相同条件下，有动态稳定系统和可断开后轴的 4×4 车辆可以通过补偿，轨迹偏差，保持稳定性和可操控性（图 14.24）。

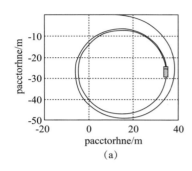
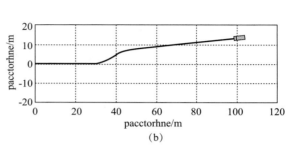

图 14.23　前驱车辆的冰上运动轨迹

（a）转弯；（b）变换车道

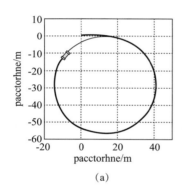
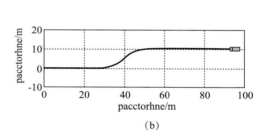

图 14.24　可断开后轴的 4×4 车辆的冰上运动轨迹

（a）转弯；（b）变换车道

自我检测

1. 防抱死制动系统和牵引力控制系统的目的是什么？
2. ABS 的原理是什么？
3. ARS 的原理是什么？
4. 需要在什么样的运动工况下来模拟 ABS 和 ARS 的工作？
5. 将 ABS 和 ARS 集成到轮式车辆运动建模程序中模拟车轮运动的软件模块的构建原理是什么？
6. 为了保证 ABS 和 ARS 的有效性，需要研究轮式车辆运动的哪些参数？

7. 应该怎么计算具有动态稳定系统和可断开后轴的 4×4 车辆的差速器不对称系数？

8. 动态稳定系统的运行需要哪些信号？

9. 动态稳定系统如何识别车辆前后轴的打滑？

10. 如何在带有动态稳定系统及可断开后轴的 4×4 车辆的传动系统中控制扭矩分配？

参考文献

推荐阅读文献

1. Проектирование полноприводных колесных машин: В 3 т. Т1 – Т3. Учеб. Для ВУЗов/ Б. А. Афанасьев, Б. Н. Белоусов, Г. И. Гладов и др.; под общ. ред. А. А. Полунгяна. – М.: изд-во МГТУ им. Н. Э. Баумана, 2008.

2. Моделирование систем транспортных средств: курс лекций / М. М. Жилейкин, Г. О. Котиев, Е. Б. Сарач. – М.: изд-во МГТУ им. Н. Э. Баумана, 2016.

3. Моделирование систем транспортных средств: методические указания по выполнению лабораторных работ/М. М. Жилейкин. – М.: изд-во МГТУ им. Н. Э. Баумана, 2016.

4. Ларин В. В. Теория движения полноприводных колесных машин: учебник/В. В. Ларин. – М.: Изд-во МГТУ им. Н. Э. Баумана, 2010. – 391 с.

补充教学用文献

5. Дьяконов В. П. Simulink: самоучитель. – М.: ДМК – Пресс, 2013 – 784 с.

6. Математические модели технических объектов: учебн. пособие для вузов/В. А. Трудоношин, Н. В. Пивоварова; под ред. И. П. Норенкова. – М: Высшая школа, 1986. – 160 с., ил.

7. Ловцов Ю. И., Маслов В. К., Харитонов С. А. Имитационное моделирование движения гусеничных машин. – М.: МВТУ, 1989. – 60 с.

8. Савочкин В. А., Дмитриев А. А. Статистическая динамика транспортных и тяговых гусеничных машин – М.: Машиностроение, 1993. – 320с.

电子文献

9. Электронный ресурс, посвященный моделированию в среде MATLAB/Simulink http：//matlab. exponenta. ru

10. Техническая поддержка и полная техническая информация по работе в среде MATLAB http：//www. mathworks. com

课程相关辅助文献

11. Список литературы и аннотации изданий, посвященный моделированию в среде MATLAB/SIMULINK http：//matlab. exponenta. ru/books/annot4. php#014

附录 1　MATLAB\SIMULINK 编程系统

P1　SIMULINK 模块库

SIMULINK 库包含以下主要部分（图 P1.1）。

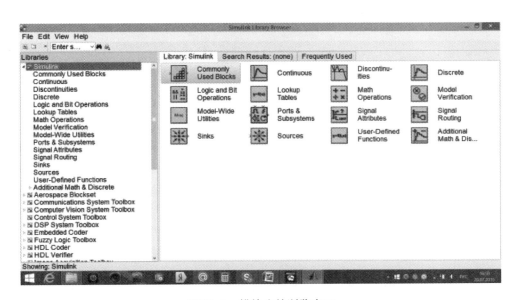

图 P1.1　模块库的浏览窗口

P2　用于解决轮式车辆动力学问题的典型 SIMULINK 系统模块

P2.1　Sources - 信号源

恒定信号源 Constant

目的：设置恒定不变的信号。

使用参数：

（1）Constant value：常量值。

（2）Interpret vector parameters as 1 - D：当选中时将参数矢量设定为一维。该参数可在大多数 SIMULIN 库模块中找到，接下来将不予解释。

常量可以是实数、复数、计算表达式、向量或矩阵。

正弦波源 Sine Wave

目的：生成具有给定频率、幅度、相位和偏移的正弦信号。

可以使用两种算法来生成输出信号。算法类型由 Sine Type 参数（信号生成方法）确定：

- Time-based：基于当前时间。
- Sample-based：基于采样时间的步长大小。

基于当前时间值生成输出信号时，连续系统的源输出信号对应以下表达式：

$$y = Amplitude * \sin(frequency * time + phase) + bias.$$

式中：

（1）Amplitude：幅度；

（2）bias：信号的恒定分量；

（3）frequency：频率（rad/s）；

（4）phase：初始相位（rad）；

（5）time：采样时间步长。用于协调模型的源和其他组件的工作。该参数可有以下值：

0（默认值） - 在连续系统的建模中使用。

- \>0（正值） - 用于离散系统。在这种情况下，模型时间步长可以被理解为输出信号的离散化步长；

- -1 - 设置模型时间步长与前一个模块相同，即将信号输入当前模块的模块。

可以为 SIMULINK 库的大多数模块设置采样时间步长。接下来将不予解释。如果采样时间步长值非常大，会因为舍入误差降低信号输出值的计算精度。

信号发生器 Signal Generator

目的：分别形成四种类型的周期性信号。

- sine – 正弦波；
- square – 方波；
- sawtooth – 锯齿波；
- random – 随机信号。

使用参数：

（1）Wave form：信号的类型；
（2）Amplitude：信号幅度；
（3）Frequency：频率（rad/s）；
（4）Units：频率测量单位。可以使用两种：Hertz 和 rad/s。

具有正态分布的随机信号源 Random Number

目的：生成信号幅度服从正态分布的随机信号。

使用参数：

（1）Mean：信号的平均值；
（2）Mean：方差（标准差）；
（3）Initial seed：初始值。

白噪声发生器 Band-Limited White Noice

目的：生产给定功率的信号，使其按频率均匀分布。

使用参数：

（1）Noice Power：噪音功率；
（2）Sample Time：采样时间；
（3）Seed：随机数生成器初始值。

P2.2　Sinks – 信号接收器

绘图仪 XY Graph

目的：绘制一个信号作为另一个信号的函数［形式为 Y(X) 的图形］。

使用参数：

（1）x – min：沿 X 轴的信号的最小值；
（2）x – max：沿 X 轴的信号的最大值；
（3）y – min：沿 Y 轴的信号最小值；

（4） y – max：沿 Y 轴的信号的最大值；

（5） ample time：采样时间步长。

该模块有两个输入：上输入用于提供信号，即参数（X），下输入用于提供函数（Y）的值。

P2.3　Continuous – 模拟模块

导数计算模块 Derivative

目的：对输入信号进行数值微分。

使用参数：无。

使用欧拉公式计算导数：

$$\frac{\mathrm{d}u}{\mathrm{d}t} = \frac{Du}{Dt}$$

其中：Δu——在 Δt 的时间内输入信号的变化值；

Δt——采样时间步长的当前值。

在计算开始前模块的输入信号值等于零，输出信号的初始值也为零。

导数计算的准确性主要取决于设定的计算步长。选择较小的计算步长可提高微分计算的准确性。

该模块用于微分模拟信号。当使用微分模块 Derivative 微分离散信号时，其输出信号将是对应的离散信号的不连续变化时间点的脉冲序列。

积分模块 Integrator

目的：对输入信号进行积分。

使用参数：

（1） External reset：外部复位。外部控制信号的类型，以确保积分器复位为初始状态。从列表中选择：

- none – 否（不重置）；
- rising – 上升信号（信号前沿）；
- falling – 下降信号（信号的后沿）；
- either – 上升或下降信号；
- level – 非零信号（如果控制输入端的信号变为非零，则执行复位）。

如果选择了任意（不是 none）类型的控制信号，则在模块图像上显示附加的控制输入。在附加输入旁边将显示控制信号的符号。

（2） Initial condition source – 输出信号初始值的来源。选择自列表：

- internal – 内部；

● external – 外部。在这种情况下模块图像上会出现一个附加输入 x0，用于设定给定积分器输出信号初始值的信号。

（3）Initial condition：初始条件。设置积分器输出信号的初始值。如果选择了输出信号初始值为内部源，则该参数可用。

（4）Limit output：使用输出限制。

（5）Upper saturation limit：输出限制的上限。它可以通过数字或字符串 inf 给出，即 +∞。

（6）Lower saturation limit：输出限制下限。它可以通过数字或字符串 inf 给出，即 -∞。

（7）Show saturation port：用于显示积分器输出信号已达到边界。该端口的输出信号可以为以下值：

● 如果积分器未抵达边界条件下为零；
● 如果积分器输出信号达到上限边界，则为 +1；
● 如果积分器输出达到下限边界，则为 -1。

（8）Show state port：显示/隐藏模块状态端口。如果需要将积分器输出信号作为反馈信号发送到同一积分器，则开启该端口。例如，通过外部端口设置初始条件时，或通过复位端口复位积分器时。此端口的输出信号还可用于与控制子系统进行交互。

（9）Absolute tolerance：绝对公差。

内存模块 Memory

目的：记录输入信号并将其移位一个时间周期。

使用参数：

Initial condition：初始状态（默认为 0）。

固定延迟模块 Transport Delay

目的：在指定时间内给定输入信号的时间延迟。

使用参数

（1）Time Delay：延迟时间（默认为 1）；

（2）Initial input：初始输入（默认为 0）；

（3）Buffer size：为延迟信号的缓冲区大小，以字节为单位（为 8 的倍数，默认为 1024 字节）；

（4）Pade order（for linearization）：Pade 线性化顺序（默认为 0，但可以设置为正整数以提高线性化精度）。

注意延迟应为实数。

P2.4　Discontinuous – 非线性模块

饱和度模块 Saturation

目的：限制信号值。

使用参数：

（1）Upper limit：上限阈值；

（2）Lower limit：下限阈值；

（3）Treat as gain when linearizing：在线性化时将其视为增益为 1 的放大器。

如果模块的输出信号值没有超过限制阈值，则该输出信号等于输入信号。当输入信号达到阈值时，块的输出信号停止变化并保持等于阈值。

干摩擦和粘性摩擦模块 Coulomb and Viscous Friction

目的：模拟干摩擦和粘性摩擦的影响。

使用参数：

（1）Coulomb friction value（Offset）：干摩擦系数。

（2）Coefficient of viscous friction（Gain）：粘性摩擦系数。

该模块实现了对应表达式的非线性特征：

$$y = \text{sign}(u) * (\text{Gain} * \text{abs}(u) + \text{Offset})$$

其中：u—输入信号，y—输出信号，Gain—粘性摩擦系数，Offset—干摩擦系数。

控制开关 Switch

目的：具有三个输入的开关装置：两端用于数据信号，一个（中间）用于控制信号。如果控制信号的电平超过指定值，则信号来自上（第一）输入，否则来自下（第二）输入。

使用参数：唯一的关键参数是控制信号的阈值 Threshold（默认为 0）。

死区模块 Dead Zone

目的：实现"死区"的非线性关系。

使用参数：

（1）Start of dead zone：死区起始值（下限阈值）。

（2）End of dead zone：死区结束值（上限阈值）。

（3）Saturate on integer overflow：抑制整数溢出。选中该框时，将对整数型信号进行限制。

（4）Treat as gain when linearizing：在线性化时将其视为增益为 1 的放大器。

模块的输出根据以下算法计算：

- 如果输入信号在死区内，则模块的输出为零。
- 如果输入信号大于或等于死区的上输入阈值，则输出信号值等于输入值减去上输入阈值。
- 如果输入信号小于或等于死区的下输入阈值，则输出信号值等于输入值减去下输入阈值。

继电器模块 Relay

目的：实现继电器非线性。

使用参数：

（1）Switch on point：开启的阈值。继电器开启的值；

（2）Switch off point：关闭的阈值。继电器关闭的值；

（3）Output when on：打开状态下输出信号的值；

（4）Output when off：关闭状态下输出信号的值。

模块的输出可以取两个值。一个对应继电器的接通状态，另一个对应断开状态。当输入信号达到开启或关闭继电器的阈值时，它们会从一种状态转变到另一种状态。如果继电器的接通和断开阈值不同，则可以实现继电器的滞后性，并且接通阈值必须大于断开阈值。

检测输入信号的零交叉点模块 Hit Crossing

目的：确定输入信号的交叉时刻。如果没有发生交叉，则模块的输出为 0，在发生交叉时输出为 1。

使用参数：

（1）Hit crossing offset：信号电平，在该交叉点发出单个脉冲；

（2）Hit crossing direction：交叉方向。

- Rising – 从下到上；
- Falling – 从上到下；
- Either – 双向。

模块 Rate Limiter（限制输出信号的变化率）

目的：限制输出信号的下降或上升速率。

使用参数：

（1）Rising slew rate：信号增强率；

（2）Falling slew rate：信号衰减率。

速度用物理值表示（如 m/s，Nm/s）。

P2.5　Math – 数学运算模块

绝对值计算模块 Abs

目的：对信号执行绝对值运算。

使用参数：

Saturate on integer overflow：抑制整数溢出。选中时，将对整数型信号进行限制。

Abs 模块也可用于计算复数型信号的模。

求和计算模块 Sum

目的：计算信号当前值的总和。

使用参数：

（1）Icon shape：模块形状。它从列表中选择。

- round：圆；
- rectangular：矩形。

（2）List of sign：符号列表。表中可以使用以下字符：+（加号），−（减号）和丨（分隔符）。

（3）Saturate on integer overflow：抑制整数溢出。选中该复选框时，将执行整数型信号的限制。

输入数和操作（加法或减法）由 List of sign 的字符列表确定，输入的标号由相应的符号表示。在 List of sign 的参数中，还可以指定模块输入的数量，在这种情况下，所有输入都将进行求和。

如果模块输入的数量超过 3 个，则使用 Sum 模块矩形形式更方便。

该模块可用于对标量、矢量或矩阵信号求和。求和信号的类型必须一致。例如，不可以将整数型和实数型信号发送到同一个求和模块。

如果模块输入数量大于 1，则模块对矢量和矩阵信号执行逐元素操作。这种情况下矩阵或向量中的尺寸必须相同。

若模块仅有一个输入，则该模块可用于确定向量中各元素的总和。

乘法模块 Product

目的：对信号当前值乘积计算。

使用参数：

（1）Number of inputs：输入数量。它可以是数字或字符列表。在符号列表中，可以使用字符为 ∗（乘法）和/（除法）。

（2）Multiplication：执行操作方法。可以从以下取值：

- Element-wise – 元素；
- Matrix – 矩阵。

（3） Saturate on integer overflow – 抑制整数溢出。选中该复选框时，将对整数型信号限制。

如果参数 Number of inputs 值由列表确定，除了乘法符号之外还包括除法符号，输入的标签将由相应操作的符号指示。

该模块可用于标量、矢量或矩阵信号的乘法或除法，但是模块的输入信号类型必须一致。如果仅有一个输入，则该模块可用于计算向量中各元素的乘积。

当进行矩阵运算时，必须遵循其计算规则。例如，当两个矩阵相乘时，第一个矩阵的行数必须等于第二矩阵的列数。

输入信号符号显示模块 Sign

目的：确定输入信号的符号。

使用参数：无。

该模块根据以下规则运算：

- 如果模块的输入信号为正，则输出信号为 1。
- 如果模块的输入信号为负，则输出为 – 1。
- 如果块输入为 0，则输出也为 0。

放大器 Gain 和 Matrix Gain

目的：将输入信号和常系数进行乘法运算。

使用参数：

（1） Gain：放大系数。

（2） Multiplication：一种运算方法。它可以被设置为：

- Element-wise K∗u – 元素运算。
- Matrix K∗u – 矩阵运算。放大系数是左侧数字。
- Matrix u∗K – 矩阵运算。放大系数是右侧数字。

（3） Saturate on integer overflow – 抑制整数溢出。选中该复选框时，将执行整数型信号的限制。

放大器模块 Gain 和 Matrix Gain 是相同的模块，只是有不同的乘法参数初始设置。

Gain 模块的参数可以是正数或负数。可以将放大系数设定为标量、矩阵、向量，或者表达式。

如果将 Multiplication 的参数指定为 Element-wise K∗u，则模块通过标量信号的指定系数或矢量信号的每个元素执行乘法运算。否则，模块将系数和给定矩阵进行矩阵乘法运算。

默认情况下，放大系数为 double 型数。

对于逐元素放大的操作，输入信号可以是标量、向量或矩阵，但 boolean 除外。矢量元素必须是具有相同类型的信号。模块的输出与输入的类型相同。模块 Gain 的参数设定可以是标量、向量或矩阵，但 boolean 除外。

计算输出信号时，Gain 模块使用以下运算规则：

- 如果输入信号是实数型且放大系数为复数，则输出信号也为复数。
- 如果输入信号的类型与放大系数不同，则 SIMULINK 会尝试将放大系数类型转换为输入信号的类型。如果无法进行转换，将报错并停止计算。例如，如果输入信号是无符号整型（unit8），并且 Gain 参数被设置为负数，则可能发生这种情况。

数学函数计算模块 Math Function

目的：进行数学函数的计算。

使用参数：

（1）Function：计算函数的类型（从列表中选择）。

- exp – 指数函数；
- log – 自然对数；
- 10^u – 10 的次方运算；
- log10 – 对数函数；
- magnitude^2 – 计算输入信号的模的平方；
- square – 计算输入信号的平方；
- sqrt – 平方根运算；
- pow – 求幂；
- conj – 计算共轭复数；
- reciprocal – 计算输入信号的倒数；
- hypot – 计算输入信号平方和的平方根；
- rem – 计算将第一输入信号除以第二输入信号的余数；
- mod – 考虑符号求余数；
- transpose – 转置矩阵；
- hermitian-Hermitian 矩阵计算。

（2）Output signal type：输出信号类型（从列表中选择）。

- auto – 自动检测；
- real – 有效信号；

- complex – 复信号。

P2.6 查表模块

一维表模块 Look-Up-Table

目的：用于以表格形式设置表示函数变量的系列值的数据。

使用参数：模块的输入是输入信号的相应矢量，输出是输出信号的相应矢量。在模块参数设定窗口中，设置输入和输出信号的矢量。它们可以是离散值（例如，[1 3 8 10]），也可以是范围值（例如，[-5, 5]），还可以是表达式（例如，tanh（[-5：5]））。通过这些矢量确定输出信号和输入信号的相关性。

如有必要，可以勾选"Show additional parameters"选项，设置其他参数。

在高级设置窗口中，可以设置多个参数：

(1) Look-up method：计算输出值的方法。它可以从表中选择。
- Interpolation-Extrapolatio – 线性插值和外插法；
- Interpolation-Use End Values – 在给定的输入值间隔内进行线性插值，并通过最终值限制输出信号；
- Use Input Nearest – 无插值，在计算输出信号时，取表中最近的值；
- Use Input Bellow – 无插值，在计算输出信号时，采用表中最接近的较小值；
- Input Above – 无插值，在计算输出信号时，采用表中最接近的较大值。

(2) Output data mode：从列表中选择输出数据的类型。
- Inherited via back propagation – 输出信号类型从目标模块继承；
- Same as input – 输出信号类型从输入模块继承；
- Specify via dialog – 使用对话框中的规则；
- 输出信号采用标准类型，例如 int8 等。

(3) Output data type：从列表中选择输出数据的类型。

(4) Output scaling value：对值进行缩放和偏移（可不指定）。

(5) Lock output scaling against changes by autoscaling tool：锁点缩放。

(6) Rounding integer calculations toward：从列表中选择舍入方法。
- Zero – 没有舍入；
- Nearest – 舍入到最近整数；
- Floor – 舍入到最近的较小整数；
- Ceiling – 舍入到最接近的较大整数；
- Saturate on integer overflow – 限制整数溢出。

P2.7 自定义功能模块 User-Defined Functions

函数设定模块 Fcn

目的：设置单个变量 u 或一系列变量 $u(i)$ 的函数。模块的输入信号可以是矢量，其中分量的数量等于变量的数量 $u(i)$。

使用参数：在模块参数设置窗口有 Expression 区用于输入所需函数，该表达式由 C 语言中的函数的规则来组成。如下是按照优先顺序排列的运算符：

- 括号();
- 一元运算符"-"和"+";
- 幂运算符"^";
- 逻辑否运算符"!";
- 算术乘法运算符"*"和除法"/";
- 算术加法"+"和减法运算符"-";
- 逻辑运算符"<", ">", "<="和">=";
- 关系运算符等于"=="和不等于"!=";
- 逻辑运算符与"&&";
- 逻辑运算符或"||"。

关系运算符和逻辑运算符以逻辑 0（FALSE）或逻辑 1（TRUE）的形式返回逻辑值。

P2.8 Signal Routing 库

From 和 Goto 模块

目的：在考虑数据可见性的前提下组织模型块之间的数据交换，它们可以简化模型的构建。通过使用 Goto 模块可以创建与本模块兼容的"无线"数据发射器，并可以命名（通常以字母的形式）。一个或多个具有相同名称的 From 模块可以从 Goto 模块接收数据，尽管它们与 Goto 块之间没有直接连接。

Switch 模块（控制开关）

目的：具有三个输入的开关装置，两端用于数据信号，一个（中间）用于控制信号。如果控制信号的电平超过指定值，则信号来自上（第一）输入，否则来自下（第二）输入。唯一的关键参数是控制信号阈值 Threshold（默认为 0）。开关的动作频率由参考时间确定。该开关被认为是没有其余参数的理想设备（例如过渡电阻）。

Multiport Switch 模块（多输入开关）

目的：与上述开关相比，它允许设置所需的输入（端口）数量，并将某个输入连接到输出，这具体取决于控制输入的信号电平。如果给控制端口输入一个值与输入（端口）编号不一致的信号，则该模块被红色框圈出，并报错。一般而言，在使用 SIMULINK 对系统或设备进行仿真建模的过程中这种错误很典型。该模块的唯一参数是 Number of inputs（输入数量）。多输入开关也被认为是理想设备。

P3 数值积分的特点

由现代建模软件提供的一套广泛的数值积分方法，可以有效地解决系统研究的各种问题。但这引发了 2 个问题，即如何选择最合适的方法及如何正确设置其参数。用户通常只设置积分间隔，而不关注其他的求解器选项。对于简单的任务，当求解精度不高时，这种方法是完全可以接受的。然而，当解决复杂问题时，方法的错误选择或其参数的不正确设置可能导致不必要的大量计算时间或无法获得正确的结果。

因此，在使用任何建模软件的过程中，用户必须掌握软件中所使用的数值计算方法的相关知识，并了解它们适用范围。

实践表明，在系统中的不同物理动作具有不同速性，即有的过程较快，有的较慢。此外，也可能同时存在单调和缓慢衰减的谐波分量。在瞬态过程中系统在不同频谱分量下，其特性显著不同，该性质被称作系统刚度。

机器人系统就是一个刚性系统，其中包括快速组分、开关制动器及阻尼器，承受或翻译负载。

刚性往往是引进不重要组件而导致的冗余的结果。但是，在研究初步的阶段，很难避免这种冗余。同时，刚性通常具有根本性的特征，而忽略快速动作可能导致模型出现缺陷。

在研究刚性系统的过程中，需要采用特殊的数值积分方法。因为过程中存在快速和慢速阻力，会对积分方法有不同要求。必须能够评估刚性的特征，并使用获得的评估值来选择或调整积分过程。

假设被研究系统 $\dot{x} = f(x)$ 为线性系统，使用矩阵状态方程来进行描述：

$$\dot{x} = Ax + Bu$$

矩阵 A 称为状态矩阵或雅可比矩阵。矩阵 A 的特征值 λ_i 决定被研究系统中瞬态过程的稳定性和特点。

与特征值 λ_i 相关联的过程分量（通常称为模态）位于远离虚轴的左半平面，对应于系统中快速进行且通常快速衰减的过程。模量小，且位于虚轴附近的特征值，决定了系统的主要动作。

基于雅可比矩阵在复平面上的特征值的分布，可以将特征值模的最大和最小值相差几个数量级的系统称为刚性系统。

系统刚度的评分一般由雅可比矩阵的制约度决定。

$$\alpha = \|A\| \cdot \|A^{-1}\|$$

其中：$\|A\|$ 为矩阵 A 的范数。

如果是仿真过程的控制，那么制约度通常是矩阵的最大和最小特征值的模的比

$$\alpha = \max(1_i)/\min(1_i), \ i=1, \ n。$$

$\alpha \geq 10^5$ 的系统属于刚性系统。它们也被称为病态条件，但该术语更常见于对代数方程组的描述。

雅可比矩阵的元素是关于系统状态变量 x 的非线性向量函数 $f(x)$ 的偏导数。对于非线性系统，一般情况下的刚度不是恒定的，而会在积分过程中发生变化。

对适量的条件数值 α，通常使用传统的显式方法来进行微分，这只需要很少的计算开销。当需要选择非常小的微分步长来获得正确的解决方案时对于较大的 α 来说工作量很大。所以在初始时刻对系统进行建模时，对所有模态进行计算（或大多数模式，涉及快速和慢速过程）。但是，经过一段时间，快速模态衰减，解收敛到慢速过程。

研究人员可能对快速和慢速过程都感兴趣。在这种情况下，建议使用显式方法，并结合系统状态改变积分步长。这将更准确模拟快速过程并避免消耗过多的计算时间。

如果研究人员对快速衰减过程不感兴趣，但他不能在建模阶段将它们消除，则隐式方法更优，这会缩短积分时间并获得足够的精度。在这种情况下，对应特征值模较大的解的所有分量都被抑制（如果选择的步长不是非常小）。

如果研究人员熟悉对象的特征，那么上述选择刚性系统积分方法的建议将很有用。在这种情况下，可以通过比较几种解决方案，再从中作出选择。如果对对象没有足够的研究，则包含适应对象特征的元素的程序可能是有效的。

在建模时，用户可以选择求解微分方程的方法，以及改变模型时间的方法（固定或可变步长）。在仿真期间，可以观察系统中的变化过程。为此使用 SIMULINK 库下的特殊观察设备，模拟结果可以以图形或表格的形式呈现。

为了在 MATLAB/SIMULINK 环境中求解常微分方程，需要用到一些求解器：

（1）求解器 ode45。实现单步显式的四阶和五阶 Runge-Kutta 方法。推荐用于初次求解的经典方法（在许多情况下，它可以提供良好的结果）；

（2）求解器 ode23。单步显式的二阶和四阶 Runge-Kutta 方法（当常微分方程系统刚度较低且精度要求较低时，这种方法可以提高求解速度）；

（3）求解器 ode133。多步变阶数 Adams-Bashworth-Multon 方法（一种可以确保解的高精度的自适应方法）；

（4）求解器 ode15s。多步变阶数法（1 到 5，默认为 5 阶）。这是一种自适应方法，如果求解器 ode45 无法解决，则可以尝试该方法；

（5）求解器 ode23s。单步法，使用了修改后的二阶 Rosenbrock 公式。当精度不高时，它可以保证较高的计算速度。

附录 2　在 MATLAB\SIMULINK 中可视化轮式车辆运动过程

P1　在 MATLAB\SIMULINK 中可视化轮式车辆运动过程

根据计算实验的结果，将对轮式车辆运动过程进行可视化。其程序在 MATLAB 环境下编写完成。

将运动过程可视化可以用于检查初始条件的正确性。例如，确定汽车的几何参数，以全面评估的运动参数。

P1.1　准备数据

为了在可视化程序中进一步处理，建模结果获得的运动参数的值使用 "To Workspace" 模块以矩阵的形式导入工作环境（Workspace）（P2.1）。在模块设置中，设置变量名称（Variable name），其中将存储记录的矩阵和数据采样频率（Sample time）。

写入矩阵的数据在模型中被收集和预处理。为此，创建一个子系统，如图 P2.2 和图 P2.3 所示。

在 Mux 模块中收集运动参数并发送到 To Workspace 模块；这些参数包括：固定坐标系中车辆质心的坐标（P_c2）；从移动坐标系到固定坐标系的转换矩阵，使用 Reshape 模块转换（在块设置中，选择 1 – Darray 作为 Output dimensionality 输出维度参数）为 1×9 的矩阵进行存储。NSK—固定坐标系中车轮中心点的坐标向量（Rk_2）；NSK—固定坐标系中悬架与车身连接点的坐标向量，NSK—固定坐标系中悬架与车轮连接点的坐标向量（考虑车轮的垂直运动 z_k）；车轮转角（alpha_k）。

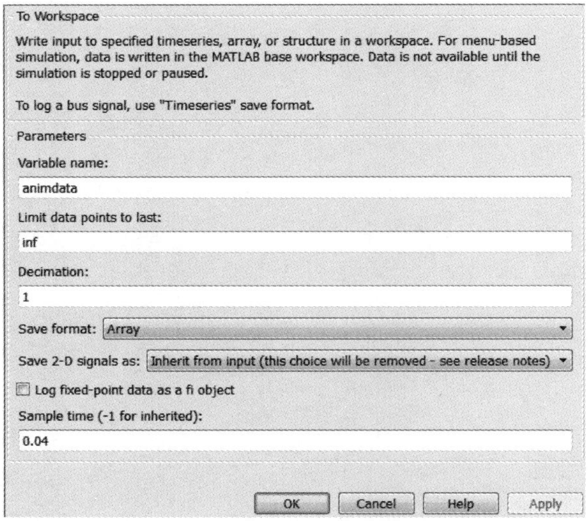

图 P2.1 设置 To Workspace 模块

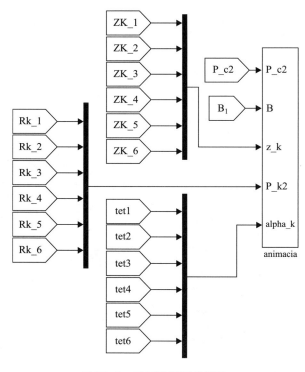

图 P2.2 动画数据采集模块

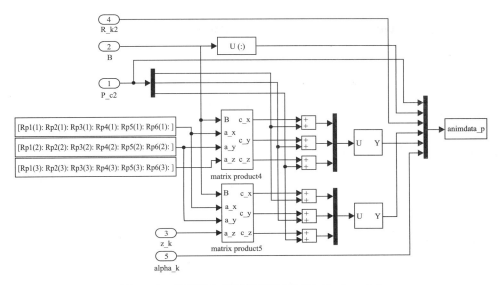

图 P2.3 处理写入矩阵数据的子系统"animacia"

描述位置点的矢量由如下部分组成：记录第一点的 3 个坐标 (x, y, z)，然后以相同的顺序记录后续点。使用 Selector 模块按照上述顺序进行记录，其设置如图 P2.4 所示。

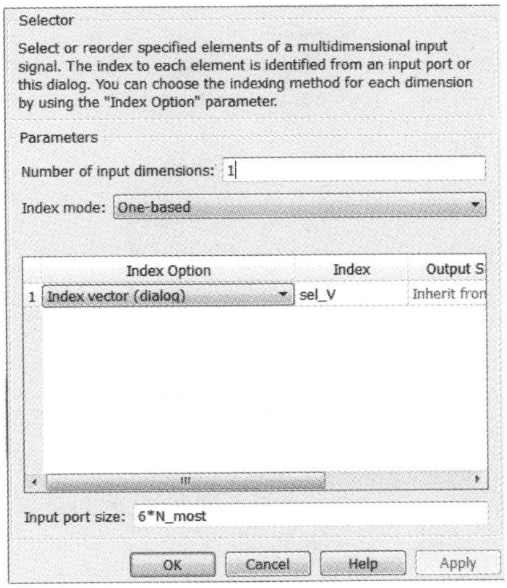

图 P2.4 设置 Selector 模块

Index 参数的值由行矩阵 sel_V 给定。此矩阵在源数据文件中给出，并通过以下循环模拟汽车运动：

```
sel_V = zeros(1,18);
fori = 1:6
sel_V(3*(i-1)+1) = i;
sel_V(3*(i-1)+2) = i+6;
sel_V(3*(i-1)+3) = i+12;
end
```

P1.2 程序代码

最初，在程序中设置如下变量：构成车壳体表面的顶点位置（A_vagp_0），车轮（A_kat_0），支撑面（x_gr，y_gr，z_gr）的坐标。

在移动坐标系中，相对汽车质心来确定车身各点坐标。

```
A_vagp_0{1} = [3;0.85; -0.4];%车身左前下方点
A_vagp_0{2} = [-3.4;0.85; -0.4];%车身左后下方点
A_vagp_0{3} = [-3.4;0.85;0.5];%车身左后上方点
A_vagp_0{4} = [1.4;0.85;0.5];%驾驶室左后上方点
A_vagp_0{5} = [3;0.85;2];%车身左前上方点
A_vagp_0{6} = [3; -0.85; -0.4];%车身右前下方点
A_vagp_0{7} = [-3.4; -0.85; -0.4];%车身右后下方点
A_vagp_0{8} = [-3.4; -0.85;0.5];%车身右后上方点
A_vagp_0{9} = [1.4; -0.85;0.5];%驾驶室右后上方点
A_vagp_0{10} = [3; -0.85;2];%车身右前上方点
A_vagp_0{11} = [1.4;0.85;2];%驾驶室左后上方点
A_vagp_0{12} = [1.4; -0.85;2];%驾驶室右后上方点
```

车轮由多边形表示，其顶点坐标是在微动坐标系中相对于车轮的中心指定的。通过减小矩阵 A_kat_0 的循环填充步长，可以使该多边形与圆更接近：

```
i = 1;
for alpha = 0:(pi/16):(2*pi - pi/16)
    A_kat_0(i,1:3) = [rk*cos(alpha) 0 rk*sin(alpha)];
i = i + 1;
end
x_gr = [ -1000 1000];
```

```
y_gr = [-1000 1000];
z_gr = [0 0; 0 0];
```

接下来,需要使用以下函数创建图形窗口:

```
set(gcf,'DoubleBuffer','on');
```

将属性"DoubleBuffer"设定为"on"可开启双缓冲,以更好地显示图形(避免闪烁或失真)。

在显示配置过程中,需创建用一个指针,指向一条轴线,我们将在以该轴线为参考构建车辆图形:

```
mult = axes;
```

功能"axes"是用于创建图形对象轴的低级函数,使用默认属性值在当前界面中创建图形对象。

使用"surf"函数创建支撑面:

```
surf(x_gr,y_gr,z_gr','FaceColor',[0.7 0.7 0.7]);
```

属性"FaceColor"的值 [0.7 0.7 0.7] 用于确定表面的颜色。

该程序的第一部分用于在静态下显示汽车,以检查汽车的几何参数。

在导入到工作空间时的过程中,汽车运动的数据被存储在一个变量中。因此,为了便于使用,将它们分配给单独的变量(这一部分程度将汽车显示为静态,仅需要将第一步所对应的数值代入参数,因此,可以确定 $i=1$):

```
i = 1;
P_vagp_2 = animdata_p(i,1:3)';%车辆质心坐标向量
B_vagp = [animdata_p(i,4:6)' animdata_p(i,7:9)' animdata_p(i,10:12)'];%从固定坐标系到移动坐标系的转换矩阵
R_k_vagp_2 = animdata_p(i,13:30)';%固定坐标系中车轮中心坐标矩阵
R_tkp3 = animdata_p(i,31:48)';%固定坐标系中悬架与车轮连接点坐标矩阵
R_tkp0 = animdata_p(i,49:66)';%固定坐标系中悬架和车身连接点的坐标矩阵
alpha_k = animdata_p(i,67:72)';%车轮转角矩阵
```

形成车身和车轮的表面顶点坐标必须从移动坐标系转移到固定坐标系中:

```
vert_vagp = [(B_vagp*A_vagp_0{1} + P_vagp_2)';
(B_vagp*A_vagp_0{2} + P_vagp_2)';
(B_vagp*A_vagp_0{3} + P_vagp_2)';
(B_vagp*A_vagp_0{4} + P_vagp_2)';
(B_vagp*A_vagp_0{5} + P_vagp_2)';
(B_vagp*A_vagp_0{6} + P_vagp_2)';
(B_vagp*A_vagp_0{7} + P_vagp_2)';
(B_vagp*A_vagp_0{8} + P_vagp_2)';
(B_vagp*A_vagp_0{9} + P_vagp_2)';
(B_vagp*A_vagp_0{10} + P_vagp_2)';
(B_vagp*A_vagp_0{11} + P_vagp_2)';
(B_vagp*A_vagp_0{12} + P_vagp_2)'];
%固定坐标系中车身各点坐标的矩阵

for j = 1:6
B_k = B_vagp*[cos(alpha_k(j)) -sin(alpha_k(j)) 0;
sin(alpha_k(j)) cos(alpha_k(j)) 0; 0 0 1];
    A_kp_x2{j} = B_k(1,1)*A_kat_0(:,1) +
+B_k(1,2)*A_kat_0(:,2) +
+B_k(1,3)*A_kat_0(:,3) +R_k_vagp_2(3*(j-1)+1);
    A_kp_y2{j} = B_k(2,1)*A_kat_0(:,1) +
+B_k(2,2)*A_kat_0(:,2) +
+B_k(2,3)*A_kat_0(:,3) +R_k_vagp_2(3*(j-1)+2);
    A_kp_z2{j} = B_k(3,1)*A_kat_0(:,1) +
+B_k(3,2)*A_kat_0(:,2) +
+B_k(3,3)*A_kat_0(:,3) +R_k_vagp_2(3*(j-1)+3);
end
%固定坐标系中车身各点的坐标矩阵
```

要直接在图形窗口中显示汽车,请使用 mult 指针对轴的显示参数进行设定:

```
set(mult, 'DataAspectRatio', [1 1 1],'CameraPosition', (P_
vagp_2 + [-10; -10; 10])', 'CameraTarget', P_vagp_2, 'Camera-
ViewAngle', 50);
```

属性"DataAspectRatio"的值 [1 1 1] 表示沿坐标轴等比例显示;属性

"CameraPosition"设置摄像机或视点的位置,由向量(P_vagp_2+[-10;-10;10])确定;属性"CameraTarget"设置对于具有给定坐标(P_vagp_2)的点的视图方向,属性"CameraViewAngle"确定视野范围,从0°到180°角。更改摄像机视角会影响沿轴向显示的图形对象的大小,但不会影响透视变形。角度越大,视野越大。

车身通过 patch 功能构建,此功能可以创建一个或多个填充多边形。

vagp = patch('Faces',[1 2 3 4 11 5;6 7 8 9 12 10;5 1 6 10 NaN NaN;1 2 7 6 NaN NaN;2 3 8 7 NaN NaN;3 4 9 8 NaN NaN;4 11 12 9 NaN NaN;5 10 12 11 NaN NaN],'Vertices',vert_vagp,'EdgeColor',[0 0 0],'FaceVertexCData',[0.7 0.7 0.7;0.7 0.7 0.7;0.7 0.7 0.7;0.7 0.7 0.7;0.7 0.7 0.7;0.7 0.7 0.7;0.7 0.7 0.7],'FaceColor',[0 0.5 0],'LineWidth',0.5);

属性"Faces"确定连接顶点的顺序,这些顶点用以定义各个表面,在"Vertices"属性中可以指定为矢量或矩阵。

属性"Faces"的值中的每一行定义一个表面的顶点连接,此行中元素数量(非 NaN 值),决定了此曲面的顶点数。

例如,请看图 P2.5(a)中的多边形,它由八个通过九个顶点定义的三角形组成。顶点的相应坐标(属性"Vertices"的值)和它们的连接顺序(属性"Faces"的值)如图 P2.5(b)所示。

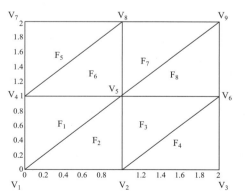

P2.5　表面构建示意图

(a)多边形;(b)属性"Faces"和"Vertices"的值

在属性"EdgeColor"中设置曲面的边线颜色,"FaceColor"表示曲面的颜色,

"LineWidth"表示边线的粗细。

在此阶段启动程序时,车身和支撑表面应显示在图形窗口中(图P2.6):

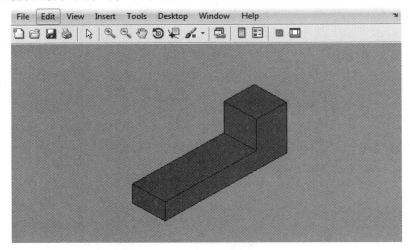

图P2.6 显示车身和支撑面

用上述方法可以构建车轮表面,在该循环中也将绘制用于显示车轮悬架变形的曲线:

```
for j=1:6
kp{j}=patch(A_kp_x2{j}',A_kp_y2{j}',A_kp_z2{j}',[0.5 0.5 0.5]);%绘制汽车车轮表面
podv{j}=line([R_tkp3(3*(j-1)+1)
R_tkp0(3*(j-1)+1)],[R_tkp3(3*(j-1)+2)
R_tkp0(3*(j-1)+2)],[R_tkp3(3*(j-1)+3)
R_tkp0(3*(j-1)+3)],'Color',[0 0 1],'LineWidth',1);%绘制车轮相对于车身运动的轨迹线
end
```

在这个阶段,程序的第一部分就完成了。启动时,应在图形窗口中显示一辆完整的汽车(图P2.7):

在程序的第二部分中,将实现车辆的运动显示。

为了描绘车辆运动轨迹的图像,准备一个变量,其中包含每个时刻的质心坐标,并创建一个根据坐标绘制直线的函数指针:

```
vert_tr=animdata_p(:,1:3);
```

附录2 在 MATLAB\SIMULINK 中可视化轮式车辆运动过程

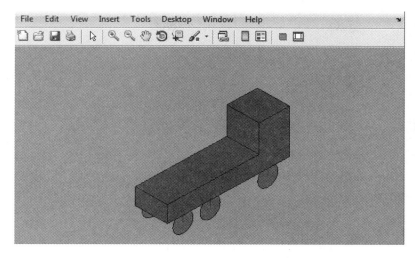

图 P2.7 车辆测绘图

```
tr = patch('Faces',[1],'Vertices',vert_tr,'EdgeColor',[1 0 0],'LineWidth',0.5);
fac_tr = [];
```

创建内部循环所需的变量:

```
drawtime = 0;
animtime = cputime;
```

cputime 命令返回程序自启动以来使用的总处理器时间(以秒计)。

创建 forc 循环,其中计数器的边界值等于矩阵 animdata_p 的行数。由于所有参数值的集合已经在第一步就写入了变量,因此循环计数器的第一个值为2。在循环中使用前述函数,用于构建汽车车身和车轮表面。

```
for i = 2:size(animdata_p,1)
P_vagp_2 = animdata_p(i,1:3)';
B_vagp = [animdata_p(i,4:6)' animdata_p(i,7:9)' animdata_p(i,10:12)'];
R_k_vagp_2 = animdata_p(i,13:30)';
R_tkp3 = animdata_p(i,31:48)';
R_tkp0 = animdata_p(i,49:66)';
alpha_k = animdata_p(i,67:72)';
```

```
vert_vagp = [(B_vagp*A_vagp_0{1} + P_vagp_2)';
(B_vagp* A_vagp_0{2} + P_vagp_2)';
(B_vagp*A_vagp_0{3} + P_vagp_2)';
(B_vagp*A_vagp_0{4} + P_vagp_2)';
(B_vagp*A_vagp_0{5} + P_vagp_2)';
(B_vagp*A_vagp_0{6} + P_vagp_2)';
(B_vagp*A_vagp_0{7} + P_vagp_2)';
(B_vagp*A_vagp_0{8} + P_vagp_2)';
(B_vagp*A_vagp_0{9} + P_vagp_2)';
(B_vagp*A_vagp_0{10} + P_vagp_2)';(B_vagp*A_vagp_0{11} + P_vagp_2)';(B_vagp*A_vagp_0{12} + P_vagp_2)'];
for j = 1:6
B_k = B_vagp*[cos(alpha_k(j)) -sin(alpha_k(j)) 0;
sin(alpha_k(j)) cos(alpha_k(j)) 0; 0 0 1];
    A_kp_x2{j} = B_k(1, 1)*A_kat_0(:, 1) + B_k(1, 2)*A_kat_0(:, 2) + B_k(1, 3)*A_kat_0(:, 3) + R_k_vagp_2(3*(j-1) +1);
    A_kp_y2{j} = B_k(2, 1)*A_kat_0(:, 1) + B_k(2, 2)*A_kat_0(:, 2) + B_k(2, 3)*A_kat_0(:, 3) + R_k_vagp_2(3*(j-1) +2);
    A_kp_z2{j} = B_k(3, 1)*A_kat_0(:, 1) + B_k(3, 2)*A_kat_0(:, 2) + B_k(3, 3)*A_kat_0(:, 3) + R_k_vagp_2(3*(j-1) +3);
end
set(vagp, 'Vertices', vert_vagp);
for j = 1:6
set(kp{j}, 'XData', A_kp_x2{j}, 'YData', A_kp_y2{j}, 'ZData', A_kp_z2{j});
    set(podv{j}, 'XData', [R_tkp3(3*(j-1) +1) R_tkp0(3*(j-1) +1)], 'YData', [R_tkp3(3*(j-1) +2) R_tkp0(3*(j-1) +2)], 'ZData', [R_tkp3(3*(j-1) +3) R_tkp0(3*(j-1) +3)]);
end
fac_tr = [fac_tr; (i-1) i];
set(tr, 'Faces', fac_tr);
```

```
set(mult,'CameraPosition',(P_vagp_2 + [0;0;20])','
CameraTarget',(P_vagp_2)');%俯视图
```

为了减慢汽车图像移动的过程,加入了以下循环:

```
drawtime = cputime - drawtime;
tik = cputime;
while(cputime - tik) > (1*0.035 - drawtime)
end
drawtime = cputime;
drawnow
end
animtime = cputime - animtime;
```